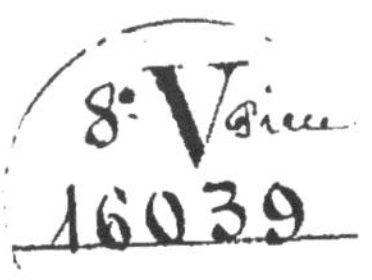

UNE
MONTRE SOLAIRE EN IVOIRE
DE 1563

PAR

PAUL BORDEAUX

ASSOCIÉ CORRESPONDANT
DE LA SOCIÉTÉ NATIONALE DES ANTIQUAIRES DE FRANCE

Extrait des *Mémoires de la Société nationale des Antiquaires de France*, t. LXVI.

PARIS
1907

DU MÊME AUTEUR :

1° *Le maréchal de Toiras et les monnaies obsidionales de Casal*, Paris, 1891, 21 p., 1 planche et 1 photographie. Ext. de l'*Annuaire de la Société française de numismatique*.

2° *Denier inédit de Henri Ier, frappé à Chalon-sur-Saône*, Paris, 1893, 7 p. et 1 vignette. Ext. de l'A. N. F.

3° *Melun et Dieppe, ateliers monétaires de Henri IV*, Paris, 1893, 14 p. et vignettes. Ext. de l'A. N. F.

4° *Monnaies inédites de Charles X, roi de la Ligue; Douzain des politiques et piedforts de Louis XIII*, Paris, 1893, 25 p. et 1 planche. Ext. de la *Revue numismatique française*.

5° *Les monnaies de Trèves pendant la période carolingienne*, Bruxelles, 1893, 114 p., 1 carte et vignettes. Ext. de la *Revue belge de numismatique*.

6° *Remarques sur le rapport de l'or à l'argent au XIXe siècle*, Paris, 1894, 32 p. Ext. de l'A. N. F.

7° *Demi-sol tournois de Navarre, ou pièce de 6 deniers de 1589*, Paris, 1894, 8 p. et vignette. Ext. de la R. N. F.

8° *Les ateliers monétaires de Bordeaux et de Saint-Lizier pendant la Ligue*, Paris, 1894, 25 p. et vignettes. Ext. de l'A. N. F.

9° *Monnaies d'or frappées par Charles Ier d'Anjou à Tunis*, Paris, 1894, 12 p. et vignettes. — Traduction d'un article de M. Sambon, paru dans la *Revue numismatique italienne*. — Notice du traducteur. Ext. de l'A. N. F.

10° *Monnaies inédites frappées à Gênes pendant l'occupation française sous Charles VI et Louis XII*. — Traduction d'un article de M. Ruggero, paru dans la R. N. I. — Notice du traducteur. Paris, 1894, 16 p. et vignettes. Ext. de l'A. N. F.

11° *Les ateliers monétaires de Dijon, de Semur en Auxois et de Saint-Jean-de-Losne pendant la Ligue*, Paris, 1894, 36 p. et vignettes. Ext. de l'A. N. F.

12° *Le sceau de la corporation des monnayeurs de Figeac et l'atelier monétaire de cette ville aux XIVe et XVe siècles; le sceau du collège des monnayeurs d'Angers; Un cachet de monnayeurs de Paris*, Paris, 1895, 56 p. et vignettes. Ext. de l'A. N. F.

13° *Monnaies royales françaises inédites ou peu connues*, Paris, 1895, 51 p. et 1 planche. Ext. de la R. N. F.

14° *État des connaissances numismatiques concernant l'exploitation des hôtels des monnaies de Compiègne et de Melun pendant la Ligue*, Paris, 1895, 15 p. et vignettes. Ext. de l'A. N. F.

15° *Les ateliers monétaires de Clermont-Ferrand et de Riom pendant la Ligue; le sceau de l'hôtel des monnaies de Riom*, Paris, 1895, 25 p. et vignettes. Ext. de l'A. N. F.

UNE

MONTRE SOLAIRE EN IVOIRE

DE 1563

PAR

PAUL BORDEAUX

ASSOCIÉ CORRESPONDANT
DE LA SOCIÉTÉ NATIONALE DES ANTIQUAIRES DE FRANCE

Extrait des *Mémoires de la Société nationale des Antiquaires de France*, t. LXVI.

PARIS
1907

UNE

MONTRE SOLAIRE EN IVOIRE

DE 1563

Le Musée de Beauvais possède, par suite d'un don que lui a fait M. Leblond, président de la Société académique de l'Oise, un petit cadran solaire d'ivoire (fig. 1 et 2), de 6 centimètres et demi de longueur sur 5 centimètres de largeur, portant l'inscription :

1563
HIERONIMVS REINMAN
NORENBERGE FACIEBAT

Comme le Musée du Louvre ne possède pas d'objet de cette nature et que la Société des Antiquaires ne paraît pas s'être encore occupée de montres solaires de cette date, il est intéressant de l'étudier et de faire connaître les circonstances spéciales qui ont occasionné la confection d'une certaine quantité de petits cadrans solaires portatifs au XVIe siècle.

De prime abord, la petitesse de cette sorte d'instrument étonne. Elle amène à se demander si les cadrans solaires ont été construits à l'origine grands ou petits. Sur ce point, la réponse ne peut être douteuse. Les premiers cadrans solaires ont été exécutés de grande taille. L'idée originaire remonte au gnomon, qui date du début de la civilisation.

Les prêtres de la Chaldée paraissent avoir été les premiers à imaginer de planter un bâton en terre et à constater que le minimum de longueur de l'ombre marquait le milieu de la journée. Il ne restait plus qu'à diviser également les portions de temps antérieures ou postérieures à cet instant précis et à profiter de l'angle d'ombre du soleil pour déterminer ces indications. Ce mode de procéder a occasionné d'abord la création de gnomons plutôt grands. Ces particularités font comprendre comment certains savants ont été amenés à se demander si les obélisques placés à l'entrée des temples égyptiens n'ont pas été des gnomons gigantesques, destinés à indiquer par la position de leur ombre le moment où certains rites devaient être célébrés. Si la solution de cette question est des plus délicates à cause de son ancienneté, nous verrons du moins qu'il est plus facile de discerner le motif qui a fait réduire le gnomon primitif à n'être plus qu'un petit cadran solaire de poche à l'époque de la Renaissance.

Dans l'antiquité, surtout au début, ces instruments furent de grandes dimensions et ne paraissent avoir été employés qu'à des usages publics. L'invention du gnomon fut effectivement

FIG. 1. — CADRAN SOLAIRE D'IVOIRE (MUSÉE DE BEAUVAIS). Face principale.

suivie de celle de la clepsydre, ou horloge à eau, qui permit de diviser un espace de temps donné par parties égales en se servant de la régularité d'écoulement d'un liquide. Ces deux objets, cadran solaire ou gnomon perfectionné et clepsydre, devinrent usuels à Rome en 250 avant Jésus-Christ, en ce sens que ce fut vers les années 491 à 495 après la fondation de leur ville, que les Romains établirent sur le Forum deux grands cadrans solaires pour indiquer les divisions de la journée, ainsi qu'une clepsydre pour suppléer à ces indications quand le ciel était nébuleux[1].

FIG. 2. — CADRAN SOLAIRE D'IVOIRE (MUSÉE DE BEAUVAIS). Revers.

Quatre ou cinq siècles après, les Romains semblent avoir conçu l'idée d'employer parfois des cadrans solaires de petit module pour savoir

1. Pline (*Hist. nat.*, VII, 213) indique même l'installation par Papirius Cursor, dans le voisinage du temple de Quirinus, en 293 av. J.-C., d'un cadran solaire réglé sur la latitude.

l'heure. Le colonel de la Noë a communiqué à la Société des Antiquaires de France, dans la séance du 18 mai 1892, une montre solaire gallo-romaine en bronze découverte peu de temps auparavant au Mont Hiéraple, dans la commune de Cocheren, à quatre kilomètres de Forbach (Alsace-Lorraine)[1]. Ce petit instrument de bronze a 5 centimètres de diamètre, c'est-à-dire une grandeur se rapprochant sensiblement de la dimension du petit rectangle d'ivoire actuellement étudié. Le disque de métal qui le constitue et qui est pourvu de l'attirail d'aiguilles, de cercle gradué et de trous nécessaires a été apprécié comme devant être d'origine romaine. Il a dû constituer dès cette époque une sorte de montre solaire facile à transporter sur soi. Il paraît dater des premiers siècles de l'ère chrétienne, c'est-à-dire de l'époque où les légions romaines occupaient la région du Rhin, endroit de la découverte. Un autre petit cercle de bronze, de 3 centimètres de diamètre, portant gravées les lignes horaires des mois, d'un côté pour Rome, indiqué par les initiales RO, et de l'autre pour Ravenne = RA, a été trouvé à Aquilée. Il paraît avoir eu un but identique[2]. Enfin, une montre solaire portative, de 4 centimètres sur 6, en ivoire cette fois, et pourvue d'un trou à suspension, a été trouvée à Mayence,

1. *Mém. de la Soc. des Antiq. de Fr.*, LIII, 1893, p. 151; G. de la Noë, *Note sur une montre solaire gallo-romaine.*
2. F. Kenner, *Sonnenuhren aus Aquileia,* fig. 12-13.

au Linsenberg[1]. Elle date de l'époque romaine et porte les noms latins des mois de l'année. Le gnomon destiné à indiquer l'heure devait être placé dans les trous précédant ou suivant les mois d'après les éventualités d'orientation et de saison. Sans être d'usage courant, les cadrans solaires de petite dimension étaient, comme on le constate, connus dans l'antiquité, mais plutôt sous la forme ronde que rectangulaire. On n'a jamais signalé qu'un écrivain quelconque y ait fait allusion. Ces tentatives n'ont pas eu de suites pendant les siècles qui se sont succédé. On en est revenu aux plus anciens errements.

Pendant le haut Moyen âge, le sablier eut de son côté la faveur publique pour servir à mesurer le temps dans les pays du Nord, parce que la clepsydre à eau ne pouvait y fonctionner couramment à cause de la gelée, et parce que l'on était parvenu à régler l'écoulement du sable avec autant d'exactitude que celui de l'eau. Cette façon de mesurer le temps est indiquée dans les Danses macabres de l'époque. La Mort y est représentée tenant un sablier à la main pour montrer que l'heure dernière est arrivée.

Le sablier avait l'avantage de pouvoir fonctionner par les temps sombres, même la nuit, ainsi que dans l'intérieur de la maison. Bien que ces qualités aient mérité au sablier la faveur dans les

1. *Corp. inscr. lat.*, XIII, 10032, 27; cf. le menologium de Grand, *ibid.*, 5955.

contrées septentrionales, le cadran solaire ne fut jamais abandonné, à cause de son exactitude matérielle incontestable pour indiquer le milieu de la journée, le mezzo-giorno des Italiens, — midi, — le moment où le soleil fournit son minimum d'ombre. On en conciliait l'usage, quand le soleil brillait, avec l'emploi du sablier. Par suite, les fabricants de cadrans solaires étaient restés nombreux. Ils constituaient par exemple à Nuremberg, ville d'où provient la montre solaire d'ivoire en question, une importante corporation de marchands, un corps de métier, comme il en existait à cette époque, composé de négociants prêts à défendre leurs droits et soucieux de veiller au maintien de leur industrie. Ils étaient dénommés les « kompassmacher » = artisans constructeurs de cadrans solaires.

Au moment de la fin du Moyen âge et du début de la Renaissance, on eut la première idée de l'horloge à poids, bientôt suivie de l'invention de l'horloge mécanique. Ces nouveaux engins, comme on les appelait, furent d'abord très primitifs, c'est-à-dire grands, encombrants et d'une marche peu régulière. On crut qu'il serait très difficile de les perfectionner. Les marchands de cadrans solaires furent les premiers à persuader à tous que ces machines compliquées et coûteuses n'étaient pas perfectibles. Ils crurent que les constructeurs de ces mécaniques encombrées de rouages ne parviendraient pas à diminuer la grandeur et à corriger les irrégularités fréquentes de leurs horloges. Pour lutter contre l'invention nouvelle, ils imaginèrent de vendre des cadrans solaires simples et portatifs et de les pourvoir de qualités que nulle autre invention, croyaient-ils, ne pourrait leur disputer. Tel est le motif qui fit créer en certaine quantité, au cours des XVe et XVIe siècles, les montres solaires portatives telles que celle représentée par le petit rectangle d'ivoire en question.

Il paraît douteux que les fabricants de cadrans se soient subitement occupés à cette époque d'en construire de petite dimension, en souvenir de ceux ayant existé exceptionnellement chez les Romains onze ou douze siècles auparavant. Tout au plus la tradition de la possibilité de faire de petites montres solaires a pu n'être jamais complètement oubliée dans la corporation. Le fait indéniable est que, pendant douze siècles environ, il ne se rencontre pas de petits cadrans solaires et que subitement, au début de la Renaissance, il en a été construit un assez grand nombre.

L'un des plus anciens connus figure au Musée de Nuremberg et porte une inscription qui le fait remonter au pontificat du pape Paul III (1464-1471).

La belle collection de M. Figdor à Vienne (Autriche) renferme :

1° Une montre solaire en bronze doré, datée de 1456, portant les armes de la maison d'Autriche et l'inscription : HILF GOTT (Dieu me vienne en aide). Elle est contenue dans un étui en cuir ciselé ayant les mêmes dates et armoiries ;

2° Une montre solaire en bronze, datée de 1458, également aux armes de la maison d'Autriche, avec une petite boîte en bois peint et doré.

La collection Spitzer, parmi les curiosités de la section d'horlogerie, contenait :

1° Une montre solaire en cuivre repercée à jour, datée de 1473 (n° 2787 du catalogue) ;

2° Une autre montre solaire paraissant de travail italien, datée de 1476 (n° 2788).

Certains objets notables de la même collection montrent la rivalité qui s'établit aussitôt entre l'industrie ancienne des fabricants de cadrans solaires et les inventeurs des horloges mécaniques. Nous y rencontrons en effet :

1° Une pendule mécanique en cuivre doré et ciselé, fabriquée en Allemagne en 1559, et pourvue de l'inscription :

ME FECIT MAGISTER MAVRICIVS
BEHAEME IN VIENNA ANNO 1559

(n° 2646 du catalogue)[1] ;

1. M. Ruelle a signalé l'existence, à la bibliothèque Sainte-Geneviève de Paris, d'une autre grande horloge mécanique avec cercle planétaire datée de 1553 et construite par le mathématicien Oronce Fine. La collection Figdor possède une sphère astrolabe portant la mention : « *Euphronymus Vulparia, Florentinus, Lugduni.* 1553. »

2° Une autre pendule à rouages de même genre portant l'inscription :

ME FECIT GHASPARVS BOHEMIVS
IN VIENNA AVSTRIA ANNO 1568.

La petite montre solaire du Musée de Beauvais porte la date de 1563, qui prouve qu'elle a été établie précisément dans ce même empire d'Allemagne à une époque se plaçant entre les deux dates de construction des pendules mécaniques ci-dessus citées. On constate par suite comment au même moment les deux industries rivales cherchaient à lutter l'une contre l'autre. Sous le rapport de l'indication du lieu de fabrication, elles s'imitaient toutes les deux.

Ce petit carré d'ivoire, pour servir de cadran solaire, portait une tige ou plutôt un petit triangle de métal susceptible de se dresser, et qui tenait à l'aide des deux trous existant au-dessus et au-dessous du visage du soleil. Ce triangle produisait l'ombre indicatrice de l'heure. Une sorte de calendrier perpétuel circulaire figure au revers. Il est divisé en douze parties portant dans le haut les dénominations des douze mois de l'année et au-dessous les divisions 10—20—30 ou 31 (ou même 28 pour février), suivant le nombre de jours de chaque mois. La petite boite qui était jointe à cet objet contenait vraisemblablement une boussole indispensable pour mettre l'instrument sur le plan nécessaire afin que l'ombre du soleil produise un effet utile. L'ensemble des décorations ajoutées sur les deux côtés de l'ivoire est plutôt conçu dans le genre Renaissance. La minime épaisseur de la planchette d'ivoire laisse supposer que l'instrument complet devait être de peu de volume et tenir facilement dans la pochette d'un pourpoint du temps, analogue à un gousset de gilet.

Si nous continuons de rechercher comme termes de comparaisons les objets identiques, construits à la même époque, nous en trouverons un grand nombre. Nous constaterons de plus que les marchands français ont suivi l'exemple de leurs confrères allemands. Indépendamment des montres solaires de la collection Spitzer, nous pouvons citer les autres instruments ci-après, qui ont figuré à Paris en 1900 dans la collection du Musée rétrospectif de la classe 96—horlogerie :

1° Un cadran solaire de forme rectangulaire portatif et à boussole, daté de 1571, c'est-à-dire postérieur de huit années seulement à celui dont nous nous occupons;

2° Un autre cadran solaire de même forme daté de 1576, signé : Hans Ducher;

3° Un autre cadran solaire daté de 1595, signé de Paulus Reinman, fabricant de Nuremberg, parent, comme nous allons le constater, du Hieronimus Reinman, dont le nom figure sur notre rectangle d'ivoire;

4° Un cadran solaire rectangulaire à boussole

en forme de livre, en ivoire, avec coins et fermoir en argent;

5° Un cadran solaire rectangulaire en bois signé : Stoecker;

6° Un cadran solaire rond avec boussole, signé : Le Maire, paraissant être de fabrication française;

7° Enfin des cadrans solaires octogonaux, signés de marchands s'appelant : Queyrat, — Menant, — Delase.

D'autre part, à l'étranger, la collection si importante en ce genre d'objets de M. Figdor à Vienne (Autriche) renferme en plus des deux spécimens du XVe siècle cités précédemment :

1° Une montre solaire en ivoire datée de 1544 avec la mention : GORG · HARTMANN · NOREMBERGE · F;

2° Une autre octogone, en bronze doré, très ornée, pourvue de l'inscription : GENEROSVS · D · VLRICVS · FUGGERVS · COMES · IN · KIRCHBERG · ET · WEISSENHORN · HANC · MACHINAM · GERMANIAE · FINITMORVMQVE · LOCORVM · SITVM · OCVLIS · SVBIICIENTE · FIERI · FECIT · ANNO · DOMINI · 1557. Ses six faces superposées portent, indépendamment des indications astronomiques, deux cartes gravées sur cuivre, l'une avec l'ensemble du monde ancien connu, l'autre avec l'Allemagne et les pays limitrophes. Elle semble pouvoir être attribuée au fabricant Christophe Schisler, d'Augsbourg;

3° Une autre en bronze doré avec la mention :

CHRISTOPHORVS · SCHISLER · FACIEBAT · AVGVSTAE · VINDELICORVM · ANNO · 1575;

4° Une autre, en ivoire, avec la marque : HANS · DVCHDER · ZV · NVRNBERG · 1579. Elle porte en outre l'inscription : « Wen ich Kampast recht sol weisen, so richt mich nicht nahet bei eissen der spöter sol nichts verachten den er kins besser machen. » — Si, moi boussole, dois bien montrer, ne m'approche pas du fer, *le moqueur ne doit rien mépriser, à moins qu'il ne fasse mieux.* — Cette dernière phrase est la démonstration écrite sur l'instrument de la rivalité qui existait à l'époque entre les fabricants de montres solaires et les constructeurs d'horloges mécaniques dans les conditions où nous l'avons fait ressortir.

5° Une autre, en ivoire et bronze doré, portant la marque : HANS · TVCHER · 1586;

6° Une autre en bronze doré, ciselée aux armoiries des Fugger d'Augsbourg, avec les initiales O·S·F·, la date 1589 et la devise : VIGILATE·QVIA·NESCITIS·DIEM·NEQUE·HORAM.

Enfin six autres montres solaires non datées, mais construites probablement, d'après leur style, au cours des XVIe et XVIIe siècles sous les formes les plus diverses, telles que boîtes carrées, octogones ou rondes, ou même en forme de colonne et de poire à poudre à l'usage des chasseurs, ainsi qu'en matières variées, par exemple ivoire et grenats, bois à incrustations d'ivoire, bois précieux de couleurs différentes, pierre de Kelheim, bronze doré ou poli avec ornements niellés, ciselés ou gravés, représentant des personnages, bustes, têtes, arabesques, entrelacs, feuillages, etc.[1].

On arrive ainsi à reconnaître qu'aux xve et xvie siècles on se mit à construire de tous côtés, surtout en Allemagne et parfois en France, de petits cadrans solaires portatifs pour combattre l'industrie nouvelle des horloges mécaniques. Les marchands de ces montres solaires restaient convaincus que leurs instruments l'emporteraient toujours sous le rapport de la petitesse et sous le rapport de la mobilité, c'est-à-dire de la facilité qu'ils offriraient pour être portés sur la personne.

Comme ils s'adressaient à la classe aisée et même riche, ils fabriquaient ces montres en matières relativement chères, telles que l'ivoire ou le cuivre ciselé, ajouré et le plus fréquemment doré.

Une autre conséquence, provenant de ce que les personnes notables faisaient usage de ces instruments portatifs pour savoir l'heure, a eu pour résultat d'en faire peindre des représentations sur des tableaux de l'époque. On a constaté la figuration de montres solaires comme accessoires de portraits :

1° Sur un tableau de Hans Holbein (1495-1554);

1. Nous remercions sincèrement M. Enlart de nous avoir mis à même d'avoir connaissance des richesses de la collection autrichienne de M. Figdor, Löwelstrasse, à Vienne.

2° Sur un tableau de Neufchâteau (1520-1600). Cette particularité démontre le caractère véritablement usuel de l'objet à cette époque.

Le constructeur de la montre solaire de Beauvais s'appelle Hieronimus Reinman. Il résulte des renseignements recueillis qu'une famille du nom de Reinman a figuré sur la liste de la corporation des fabricants de cadrans solaires de Nuremberg. Les personnages de ce nom, susceptibles d'être cités, sont :

1° Georges Reinman, dont le Musée de Nuremberg possède un petit cadran solaire de 1555;

2° Jérôme ou Hieronimus Reinman, le constructeur du rectangle d'ivoire en question, qui a acquis une célébrité régionale pour l'exactitude de ses indications concernant l'inclinaison de l'aiguille aimantée, ainsi que pour le soin apporté par lui à la confection des objets sortant de son atelier. Il est mort en 1577, c'est-à-dire quatorze ans après la date de 1563 inscrite sur l'objet;

3° Paul ou Paulus Reinman, dont le Musée de Nuremberg possède un cadran de 1605 et qui a fabriqué la petite montre solaire de 1595 remarquée dans la collection de l'exposition centenale de Paris en 1900.

La question bibliographique nous prouvera d'une autre façon l'importance qui s'est attachée à ce même moment à ce genre d'industrie et d'objets scientifiques.

Le grand artiste Albert Dürer (1471-1528) ne dédaigna pas d'écrire un traité de la théorie des cadrans solaires sous le titre : « Unterweisung zur Messung mit Zirkel und Richtscheidt. — Traité du mesurage du temps à l'aide de figures géométriques. »

Sébastien Munster fit un autre ouvrage du même genre sous le titre de : « Furmalung und kunstliche Beschreibung der Orlogien. — Description artistique des horloges », et le fit imprimer à Bâle en 1544, avec un avant-propos de 1539.

Andréas Silsner rédigea un livre sur le même sujet sous le titre de « Gnomonic » et le fit imprimer à Nuremberg en 1562.

Quelques autres publications du même genre, moins importantes, datent encore de cette époque. Puis le silence se fit et les ouvrages du XIXe siècle imprimés à Nuremberg ne contiennent plus rien au sujet des cadrans solaires en question[1]. On comprend que la Société des Antiquaires de France n'ait pas eu de son côté l'occasion de s'en occuper encore.

Quand nous avons recherché les autres objets de même nature pouvant se rencontrer ailleurs en France, notre collègue M. Roman a eu l'ama-

1. Nous sommes redevables à la courtoise obligeance de M. le conservateur du Musée de Nuremberg des renseignements concernant les Musée et bibliothèque de cette ville, ainsi que la famille Reinman; nous lui en exprimons notre vive gratitude.

bilité de nous signaler l'existence à Gap entre les mains de M. Peyrot, ancien inspecteur des forêts, d'une autre montre solaire (fig. 3). Elle est plus complète, en ce sens que l'on peut étudier ses quatre faces et que la boussole s'y remarque encore. Elle est d'aussi petite dimension, exactement 7 centimètres sur 5 centimètres 1/4. Ce petit objet portatif, également destiné à fournir l'heure en tous lieux à l'aide de l'ombre du soleil, est en cuivre ajouré. Il porte l'inscription :

> ✱ ANTHONNE : ✱ FOVCQVIER
> ✱ : ME : FE(*fleur de lis*)[1]CIT : 1587

La date de 1587 est répétée sur un côté du pourtour. Cet objet est postérieur de vingt-quatre années à celui qui a été examiné en premier lieu.

Les autres parois du pourtour, hautes de un centimètre et demi, portent les noms des villes ci-après :

NEAPOLI ROMA VENETIA	41	SEGOVIA SALAMANCA TVRIN
MILANO LION	44	PARMA GENEVA[2]
ANVERS COLONIA	51	LONDRA

1. Ou plutôt une fleur de lis coupée dans le sens de la longueur et ne montrant qu'une moitié.

2. GENEVA doit avoir été gravé par suite d'une erreur

INDEX DE LA FIGURE 3.

1. Dessus extérieur de la boite.

Le disque dentelé est mobile et sur ce disque est une rosace également mobile indépendante avec une aiguille et une réglette articulée.

Au centre un trou.

2. Dessous extérieur de la boite.

3. Intérieur du dessus de la boîte.

Le disque, au bas duquel existe une pointe, est mobile. Il est percé d'un trou rond figurant la lune. Sous le disque est une partie striée ronde figurant la terre; la lune, en passant sur elle, quand on fait tourner le disque, marque ses divers quartiers.

Au centre un trou.

4. Intérieur du dessous de la boîte.

La partie circulaire, qui renferme la boussole, est en creux et garnie d'un verre.

5. La coquille cache un trou dans lequel devait prendre place une tige, qui était probablement vissée dans le trou central du couvercle pour porter son ombre sur un point donné, indiqué par la boussole et une combinaison de chiffres.

FIG. 3. — MONTRE SOLAIRE CONSERVÉE A GAP.

Collection de M. Peyrot.

Comme les noms de cités italiennes sont en majorité, sept, contre deux espagnoles, une française, une anglaise, une allemande et une des Pays-Bas, il semble bien que ce cadran soit plutôt destiné à l'Italie. De prime abord, on pourrait penser à une fabrication italienne.

Les deux parties de la boîte rectangulaire étant gravées et occupées des deux côtés par des sujets différents donnent quatre faces, où se trouvent les représentations suivantes :

Le dessus de la boîte porte une liste circulaire de mois et de jours, analogue à celle figurant au revers de la plaque d'ivoire énoncée en premier lieu, plus une réglette portant le mot ✳ : VRSA · ✳

La face intérieure offre deux disques concentriques divisés en deux fois douze cases. Au milieu figurent des triangles avec le soleil et la lune. Inscription supérieure : ✳ ELEVATION : ✳ FOLLY : 51. Inscription inférieure : ✳ ANTHONNE : ✳ FOVCQVIER — ✳ : ME : FE (demi-fleur de lis) CIT : 1587.

La partie extérieure du dessous montre une Bellone casquée et armée, s'avançant de profil à gauche au milieu d'un cercle entouré de rinceaux.

La face intérieure de ce dessous est pourvue d'une boussole, disposée dans le haut d'une sorte

matérielle à la place de Genova-Gênes. Ce ne peut-être Genève, qui s'appelle en italien GINEVRA, à moins qu'il ne faille en supposer une traduction inexacte par une personne ignorant l'italien.

de portique à la partie basse duquel sont placées les lignes d'un cadran solaire. L'indication des heures est tracée sur le pourtour du portique, avec le chiffre XII à la clef de voûte.

L'ensemble des dessins semble dénoter une origine ou plutôt une simple influence italienne, car le sujet traité sur le dessous de la boîte, c'est-à-dire la Bellone casquée, appuyée de la main droite sur une arme ayant la forme de la lance de joute d'un tournoi, est un sujet banal de l'époque, qui peut avoir été gravé aussi bien en France qu'en Italie. Le nom « Anthonne Foucquier » est éminemment français et la mention « élévation » en langue française porteraient à supposer que l'on se trouve finalement en présence d'un objet construit dans quelque ville du midi de la France, et par exemple de la vallée du Rhône, par un fabricant de nom et d'origine française, destiné à l'usage d'un personnage noble allant faire la guerre en Italie. La faute d'orthographe *Geneva* pour *Genova* ou peut-être pour *Ginevra* contribue également à faire croire que l'apposition des noms de villes n'a pas été effectuée en Italie, mais qu'elle provient plutôt d'un pays voisin, où l'erreur commise sur la dénomination exacte était possible. Le lieu d'origine corrobore cette supposition, car le détenteur actuel de l'objet, M. Peyrot, affirme l'avoir acquis dans les Basses-Alpes, aux environs de Forcalquier [1].

1. M. de Villenoisy nous a fait remarquer que cette montre

Dans tous les cas, le cercle donnant les mois et les divisions de mois par 10—20—30 ou 31 et figurant sur le dessus de la boîte rattache étroitement l'une à l'autre les roses des mois de ces deux montres solaires, s'il est permis de qualifier du nom de roses ces calendriers mensuels circulaires. Nous devons être d'autant plus reconnaissants à M. Roman de nous avoir signalé ce second spécimen de cadran solaire portatif que les deux objets se complètent l'un par l'autre. Ils permettent de comprendre, au moyen d'exemples tangibles, la fabrication intensive de montres solaires portatives et pratiques, qui est survenue au XVIe siècle, au moment où les corporations de fabricants de cadrans solaires ont vu leur commerce menacé par l'industrie naissante des pendules à poids et à engrenages. Personne ne prévoyait à ce moment les perfectionnements qu'il serait possible d'obtenir sous le rapport de la petitesse des rouages.

Les indications qui viennent d'être précisées ont tendu à se rapprocher de la vérité réelle en faisant la part la plus minime possible à toute espèce d'hypothèse. Pour terminer, si nous

solaire pouvait être rapprochée d'un cadran solaire carré en ardoise ayant 26 centimètres sur chaque côté, portant un type armorié avec rinceaux de feuillages et oiseaux décoratifs, trouvé dans la vallée du Rhône. (*Bulletin de la Société départementale d'archéologie de la Drôme*, janvier 1888, p. 114 à 116; vignette.)

cherchons les motifs qui ont pu amener en France et faire découvrir dans les environs de Paris une montre solaire portative provenant de Nuremberg, nous n'aurons plus que les faits historiques pour nous guider. Nous serons obligés d'avoir recours à des suppositions.

Peu d'années après 1563, exactement en 1574, Henri de France, duc d'Anjou, devenu roi de Pologne, quitta ce dernier royaume avec un certain nombre de favoris et d'officiers qu'il avait amenés de son pays d'origine. Il rentra en France par le sud de l'Allemagne et le nord de l'Italie. On peut croire qu'un des seigneurs de sa suite acheta en Allemagne, au cours de ce voyage, un de ces cadrans solaires portatifs que les Reinman avaient la réputation de fabriquer avec tant de perfection à Nuremberg. Il l'apporta en France comme une curiosité pratique, de même qu'il y a une cinquantaine d'années on rapportait une montre de Genève d'un voyage en Suisse. Le mignon de Henri III se sera servi de l'objet pendant le règne du roi, et il aura été fier de montrer ce qu'il avait rapporté de ses excursions à travers les pays d'Empire. L'objet s'est ensuite démodé; il est devenu inutile; il est tombé de mains en mains. Finalement il a été relégué dans un coin de tiroir comme une curiosité sans valeur[1].

1. Cette planchette d'ivoire a été donnée à M. le docteur Leblond, de Beauvais, par un manouvrier de cette ville, qui la possédait comme relique de famille depuis très longtemps.

L'honneur des Musées français consiste à faire ressortir l'intérêt qui s'attache à ces vestiges du temps passé et à montrer la place qu'ils ont occupée naguères, comme objet usuel, entre les mains des hommes du XVIe siècle.

Nogent-le-Rotrou, imprimerie DAUPELEY-GOUVERNEUR.

16° *L'atelier monétaire de Laon pendant la Ligue*, Paris, 1895, 14 p. et vignettes. Ext. de l'A. N. F.

17° *Les monnaies frappées par François Ier comme comte de Provence*, Paris, 1896, 15 p. et 1 planche. Ext. de la R. N. F.

18° Étude critique du : « *Catalogue des monnaies françaises de la Bibliothèque nationale de Paris. Les monnaies carolingiennes*, par M. Prou ». Bruxelles, 1897, 10 p. Ext. de la R. B. N.

19° *Le gros et le demi-gros des gens d'armes de Charles VII à la croix cantonnée*, Paris, 1897, 10 p. et vignettes. Ext. de l'A. N. F.

20° *L'Adjonction au domaine royal de la châtellenie de Dun et les deniers frappés à Dun par Philippe Ier et Louis VI*, Paris, 1897, 39 p. et vignettes. Ext. de la R. N. F.

21° *La numismatique du siège de Maëstricht en* 1794. Bruxelles, 1898, 58 p. et vignettes. Ext. de la R. B. N.

22° *Les liards de France frappés par un fermier général de* 1655 *à* 1658, Paris, 1898-1899, 43 p. et vignette. Ext. de la R. N. F.

23° *Les nouveaux types de monnaies françaises*, Bruxelles, 1899, 14 p. et vignettes. Ext. de la R. B. N.

24° *Les assignats et les monnaies du siège de Mayence en* 1793, *les méreaux du péage du pont de Mayence pendant l'Électorat et après l'annexion à la République française*, Bruxelles, 1899, 71 p. et 3 planches. Ext. de la R. B. N.

25° *La pièce de 48 sols de Strasbourg frappée à la monnaie de Paris et la fin du monnayage autonome de l'Alsace*, Paris, 1900, 12 p. et vignette. Ext. de la R. N. F.

26° *Un méreau inédit de la caisse d'assistance des marchands d'étoffes d'Utrecht*, Amsterdam, 1900, 8 p. et vignettes. Ext. de la *Tijdschrift van het Koninklijk Nederlandsch Genootschap voor munt-en penningkunde.*

27° *Classement de monnaies carolingiennes inédites. Deniers et oboles de Lothaire roi Auguste, de Compiègne, de Chalon-sur-Saône, de Ratisbonne et de Strasbourg, des collections Bordeaux et Meyer. Mémoire présenté au Congrès international de Numismatique tenu à l'Exposition universelle de Paris en juin* 1900, Paris, 1900, 53 p. et vignettes. Ext. du volume des Mémoires publiés.

28° *La numismatique de Louis XVIII dans les provinces belges en* 1815, Bruxelles, 1900-1901, 131 p. et vignettes. Ext. de la R. B. N.

29° *Imitations de monnaies françaises royales et féodales faites à Messerano, Castiglione, Frinco et Monaco*, Paris, 1901, 31 p. et vignettes. Ext. de la R. N. F.

30° *Remarques nouvelles sur les assignats du siège de Mayence de* 1793 *et sur les méreaux de péage du pont*, Bruxelles, 1901, 24 p. et vignettes. Ext. de la R. N. B.

31° *Médailles franco-gantoises de l'ère républicaine et de l'Empire*, Bruxelles, 1901, 28 p., vignettes et 1 planche. Ext. de la R. B. N.

32° *La molette d'éperon, différent de l'atelier monétaire de Saint-Quentin de* 1384 *à* 1465, Paris, 1901-1902, 45 p. et vignettes. Ext. de la R. N. F.

33° *Les fausses piastres de Birmingham. — Fabrication à Birmingham en* 1796 *de fausses piastres espagnoles et apposition en Chine de contremarques sur le numéraire étranger*, Paris, 1903, 16 p. et vignette. Ext. de la R. N. F.

34° *La pièce de* 20 *francs de Louis XVIII frappée à Londres en* 1815. — *Renseignements complémentaires*, Bruxelles, 1904, 14 p. Ext. de la R. B. N.

35° *Les ateliers monétaires de Toulouse et de Pamiers pendant la Ligue*, Paris, 1904-1905, 125 p. et vignettes. Ext. de la R. N. F.

36° *Jeton franco-allemand de la première République et méreaux mayençais contremarqués de* 1792 *à* 1814, Bruxelles, 1904-1905, 20 p. et vignettes. Ext. de la R. B. N.

37° *Deniers parisis inédits de Jean le Bon, roi de France, et de Charles IV, roi des Romains*, en collaboration avec M. F. Collombier, Paris, 1905, 15 p. et vignettes. Ext. de la R. N. F.

38° *Lettres de la fin du XVIIIe siècle relatives à la collection de l'abbé Ghesquière*, Bruxelles, 1905, 14 p. Ext. de la R. B. N.

39° *Médaille et jeton frappés à l'occasion de la réunion de Lille à la France en* 1713, Paris, 1905, 21 p. et vignette. Ext. de la R. N. F.

40° *Les jetons et les épreuves de monnaies frappés à Paris pour Marie Stuart de* 1553 *à* 1561, Paris, 1905, 45 p. et 1 planche. Ext. de la *Gazette numismatique française*.

41° *Médailles franco-belges, de* 1811 *et de* 1814, Bruxelles, 1906, 37 p. et vignettes. Ext. de la R. B. N.

42° *Le quadruple écu d'or ou piéfort d'écu d'or de Henri III. — La fabrication des derniers testons de Henri III à Paris en* 1576 *avec la vaisselle d'argent des habitants*, Paris, 1906, 41 p. et vignettes. Ext. de la R. N. F.

43° *La médaille du gouvernement provisoire de Tien-Tsin* (1900-1902), Paris, 1906, 5 p. et vignette. Ext. de la R. N. F.

44° *Un trésor de monnaies carolingiennes au Musée de Coire*, Bruxelles, 1907, 16 p. Ext. de la R. B. N.

45° *Étude sur les billets de confiance locaux, créés en* 1791 *et* 1792. *Les papiers monnaies émis à Méru, Oise*, Beauvais, 1907, 47 p. et vignettes. Ext. du vol. XIX, 1906, des *Mémoires de la Société académique de l'Oise*.

46° *Les discours prononcés à Beauvais au moment de la prestation de serment des députés aux États généraux de* 1789, Beauvais, 1907. Ext. des *Mémoires de la Société académique de l'Oise*, t. XIX.

Nogent-le-Rotrou, imprimerie DAUPELEY-GOUVERNEUR.

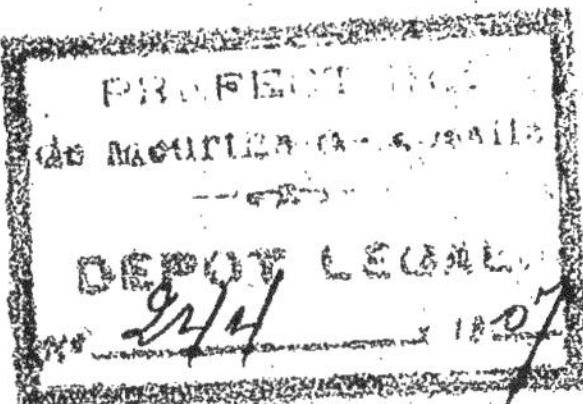

M. C. CUREY

CAPITAINE D'ARTILLERIE

TÉLÉMÈTRE DE CÔTE

A GRANDE BASE HORIZONTALE

Système du colonel russe DE LA LAUNITZ

AVEC 22 FIGURES ET 1 PLANCHE HORS TEXTE

BERGER-LEVRAULT ET Cie, ÉDITEURS

PARIS — 5, RUE DES BEAUX-ARTS, 5

NANCY — 18, RUE DES GLACIS, 18

1907

M. C. CUREY
CAPITAINE D'ARTILLERIE

TÉLÉMÈTRE DE CÔTE

A GRANDE BASE HORIZONTALE

Système du colonel russe DE LA LAUNITZ

AVEC 22 FIGURES ET I PLANCHE HORS TEXTE

BERGER-LEVRAULT ET Cie, ÉDITEURS

PARIS
5, RUE DES BEAUX-ARTS, 5

NANCY
18, RUE DES GLACIS, 18

1907

Extrait de la *Revue d'Artillerie* — Octobre 1905

TÉLÉMÈTRE DE CÔTE

A GRANDE BASE HORIZONTALE

Système du colonel russe DE LA LAUNITZ

La Russie, ayant à défendre beaucoup de côtes basses où l'usage du télémètre de dépression est inadmissible, a cherché depuis longtemps à employer, pour le tir à la mer, des télémètres à grande base horizontale. On sait que ces derniers comportent deux points d'observation A et B (fig. 1) assez éloignés l'un de l'autre et communiquant entre eux de façon à permettre de construire un triangle AB_1C_1 semblable au triangle formé par la base AB et l'objectif C; la longueur AC_1 ainsi obtenue est proportionnelle à la distance AC que l'on veut déterminer.

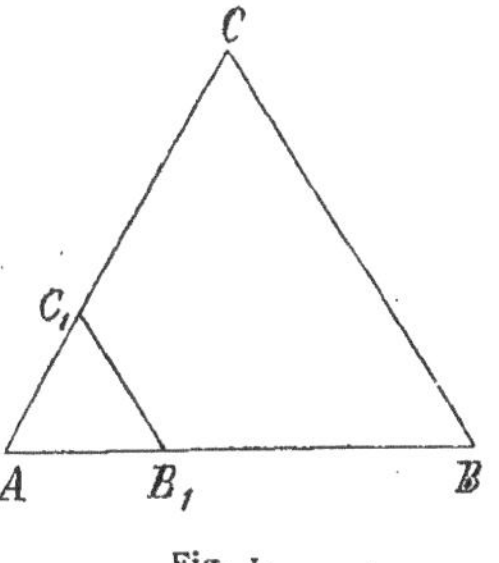

Fig. 1.

Le premier télémètre de ce genre qui fut employé en Russie est dû au général *Petrouchevskii* (fig. 2).

L'un des postes est constitué par une planchette munie d'une lunette qui peut pivoter autour d'un axe B et

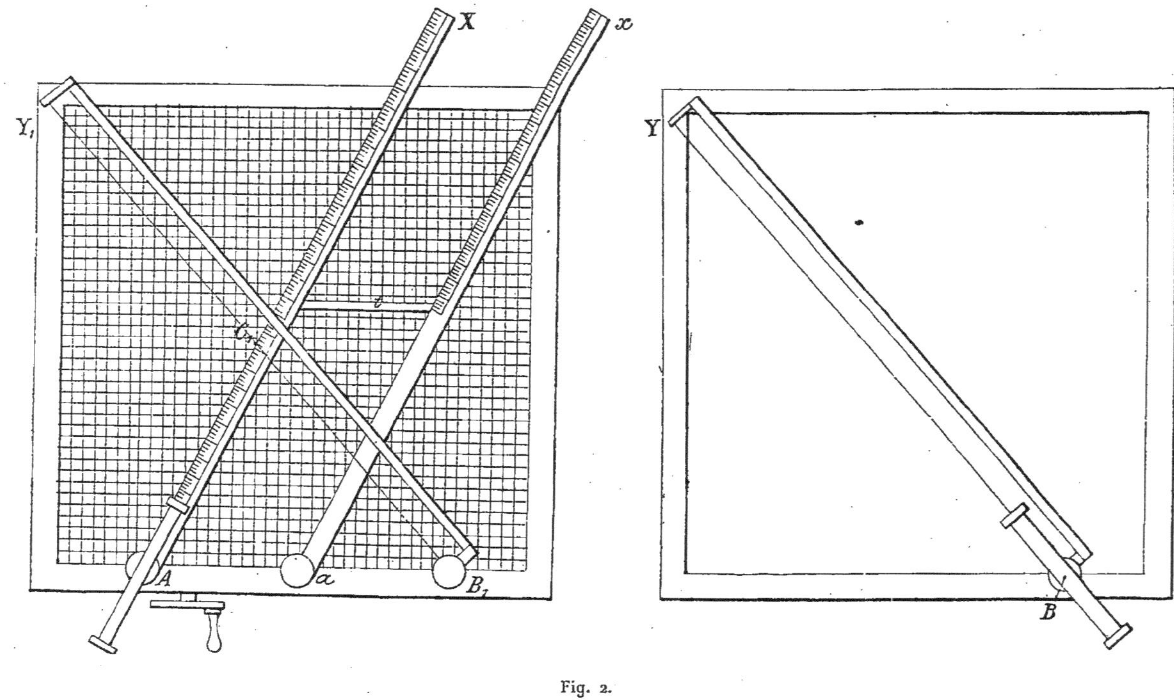

Fig. 2.

qu'un observateur maintient constamment dirigée sur le but ; le fil BY qui est tendu sur une sorte d'archet se déplace avec la lunette et reste toujours parallèle à l'axe optique de cette dernière. L'autre poste comporte une planchette quadrillée sur laquelle un archet B_1Y_1 pivote autour de B_1 en restant constamment parallèle à BY grâce à une transmission électro-mécanique ; une autre lunette solidaire de la règle graduée AX est constamment dirigée sur le but par un deuxième observateur. L'intersection C_1 du fil B_1Y_1 avec le biseau de la règle AX représente la position de l'objectif.

Dans le cas où la portée serait trop grande pour être mesurée sur AX, on diminue l'échelle de moitié, en faisant la lecture sur la règle *ax* maintenue toujours parallèle à AX par la barre de liaison *l* qui pivote autour du milieu *a* de AB_1.

On ne peut faire avec ce télémètre que du tir à pointage direct et les deux appareils d'observation ne sont pas interchangeables entre eux. Aussi lui a-t-on substitué le télémètre *Kholodovskii* (fig. 3) qui permet, dans

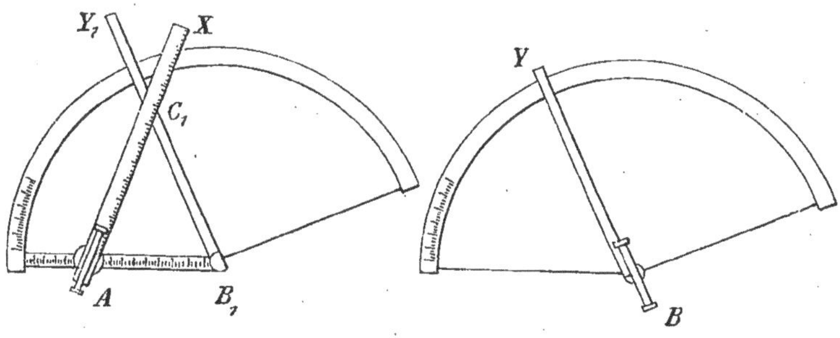

Fig. 3.

une certaine mesure, le tir à pointage indirect grâce à l'emploi de limbes gradués comme les circulaires des bouches à feu, mais les deux appareils ne sont pas encore interchangeables. Le jeu des règles est le même que précédemment, avec cette seule différence que BY et B_1Y_1 sont maintenues parallèles par deux hommes qui communiquent téléphoniquement.

Puis, vers 1896-97, sont venus presque simultanément les télémètres *de Charière* et *de la Launitz* :

Le premier est à transmission électro-mécanique : il possède un système de correction automatique du mouvement du but et une base auxiliaire, comme le télémètre du colonel Rivals expérimenté à Lorient en 1896. Il n'existe encore qu'un seul exemplaire de cet instrument [1].

Le second, qui a donné de bons résultats dans la pratique, a été considérablement amélioré depuis sa création. Comme il est devenu réglementaire en Russie, nous en décrirons en détail le dernier modèle après avoir au préalable exposé l'ensemble des principes qui ont guidé l'inventeur.

CONDITIONS GÉNÉRALES D'ÉTABLISSEMENT D'UN TÉLÉMÈTRE DE CÔTE

Dans le tir de l'artillerie de campagne, on peut facilement se passer de télémètre. Le canon, en raison du faible prix de revient des projectiles et de leur grand nombre, est son propre instrument de mesure. De plus, sa mise en action souvent instantanée ne permettrait pas dans bien des cas de déterminer au préalable les distances. Même dans le cas où une batterie se trouve en position de surveillance, si elle peut sans inconvénient dévoiler sa position, elle pourra souvent exécuter du tir

(1) Nous expliquons plus loin le rôle de la base auxiliaire. — Le lieutenant-colonel de Charière avait construit quelques années auparavant un télémètre à base *verticale* avec transmission *électrique* aux batteries des indications obtenues.

de repérage, c'est-à-dire chercher à coups de canon les *distances balistiques* des principaux points du terrain, un télémètre ne lui donnant généralement que les *distances topographiques* souvent fort différentes.

De même, dans le tir à la mer, il ne paraît pas qu'une installation télémétrique soit nécessaire pour les canons de petit calibre, qui exécuteront le plus souvent un tir de circonstance assez analogue au tir de campagne.

Il en est tout autrement avec les bouches à feu de moyen ou de gros calibre. L'élévation du prix des munitions, les difficultés de ravitaillement ainsi que l'obligation de produire rapidement de l'effet obligent l'artilleur côtier à évaluer aussi exactement que possible les distances.

Examinons donc quelles sont les conditions qui s'imposent à un télémètre de côte.

Conditions indépendantes de la nature de la base

I. Précision. — Il est inutile d'exiger une précision supérieure à celle des bouches à feu, c'est-à-dire que, dans des conditions normales de temps et d'état de la mer, avec un personnel convenablement exercé et sur un but *essentiellement mobile* marchant à une vitesse moyenne, l'instrument doit donner des mesures *exactes, aux écarts probables près.*

Il importe absolument, dans les essais, d'opérer non pas sur des buts fixes, mais sur des buts essentiellement *mobiles*. Le télémètre de côte n'est pas un instrument de topographie et il faut qu'il soit organisé spécialement pour suivre les navires dans leur mouvement.

Cela a d'autant plus d'importance que la batterie tire plus lentement (soit par suite de la manœuvre de la bouche à feu, soit à cause de la difficulté du ravitaillement ou de la méthode de tir employée) et que les projectiles coûtent plus cher. En conséquence, il est avantageux que le télémètre donne automatiquement la correction relative au mouvement du but pendant le temps qui s'écoule entre la fin de la mesure télémétrique et l'arrivée du projectile au but.

On obtient ainsi une distance topographique qui, comme nous l'avons dit plus haut, diffère le plus souvent de la distance balistique convenable.

Cela tient, on le sait, à des erreurs *systématiques* dues surtout à l'*état de l'atmosphère* (vent, réfraction (1), pression barométrique, humidité, etc.), à l'*état de la poudre* et aussi à tout un ensemble d'erreurs *accidentelles* provenant des variations dans le poids des charges et des obus, au régime des bouches à feu, au déversement des plates-formes, à l'équation personnelle des pointeurs, aux imperfections des télémètres et des appareils de pointage, etc., etc.

On conçoit qu'on puisse à la rigueur tenir compte de tout cela d'une façon précise dans une installation télémétrique et corriger la distance topographique à l'aide de certains dispositifs fonctionnant automatiquement, mais l'artillerie russe tient seulement compte, dans la détermination des éléments initiaux du tir, de l'état atmosphérique et de la vivacité de la poudre, et cela d'une façon empirique, au moyen de tables à double entrée tout à fait indépendantes du télémètre.

Elle élimine par le réglage les *erreurs restantes*.

II. **Rapidité**. — La rapidité des mesures définitives doit être en rapport avec la rapidité de tir des batteries et aussi avec la méthode de tir.

On sait en effet qu'en Russie l'artillerie de côte comprend une grande quantité de bouches à feu dont le tir est assez lent et que le tir par salve est généralement

(1) L'influence de la réfraction est beaucoup moins importante dans les télémètres à base horizontale que dans les télémètres à base verticale. On n'en tient compte que dans ces derniers et on la néglige généralement dans les autres.

adopté. On cherche néanmoins à obtenir au minimum six indications télémétriques par minute.

III. **Simplicité.** — L'installation télémétrique complète doit être simple et robuste, car elle doit être mise entre les mains des hommes de troupe et elle peut être exposée aux intempéries, aux projections de sable, etc.

De plus, le mode d'emploi doit éviter toute complication inutile. Aussi les transmissions téléphoniques paraissent-elles préférables aux transmissions électro-mécaniques sur lesquelles on n'a aucun moyen de contrôle et dont les connexions sont délicates à établir.

Enfin, il y a avantage à ce que l'un des postes soit à proximité immédiate de la batterie, afin d'éviter des corrections de parallaxe. Si la configuration du terrain ou de la côte s'oppose à cette installation, il faut avoir recours à un *transformateur* qui donne immédiatement et sans aucun calcul la distance de la batterie au but. Le transformateur peut être combiné avec le télémètre ou en être distinct ; dans ce dernier cas, il en est placé un dans chaque batterie et le même télémètre peut alors servir pour plusieurs batteries.

IV. **Appropriation aux deux genres de pointage.** — On doit pouvoir exécuter à volonté du tir à pointage direct sur but mobile, ou bien du tir à pointage indirect sur le point présumé de la mer où passera le but au moment de la chute des projectiles. Dans ce dernier cas, il faut munir les pièces de circulaires de pointage permettant de les orienter dans un azimut déterminé par le télémètre.

Conditions particulières aux télémètres à base horizontale

Les postes télémétriques doivent permettre d'employer une base de longueur quelconque.

De plus, avec un appareil bistatique, il est difficile

d'indiquer le but aux deux observateurs avec une précision suffisante pour éviter les erreurs d'objectifs qui entachent les mesures d'erreurs grossières. C'est alors qu'intervient le *télémètre auxiliaire* qui sert à trouver une distance approchée du navire, distance permettant aux observateurs d'orienter convenablement leurs appareils dès le début du tir.

*
* *

Ces différents principes étant admis, nous allons examiner maintenant comment ils ont été appliqués et décrire en détail les différents appareils (postes d'observation, transformateur, etc.). Nous indiquerons aussi le mode d'utilisation pratique de toute l'organisation télémétrique préconisée par le colonel de la Launitz.

ENSEMBLE DE L'INSTALLATION TÉLÉMÉTRIQUE DU COLONEL DE LA LAUNITZ

L'installation télémétrique complète pour une batterie K comprend (fig. 4) :

1° Deux postes d'observation A et B convenablement

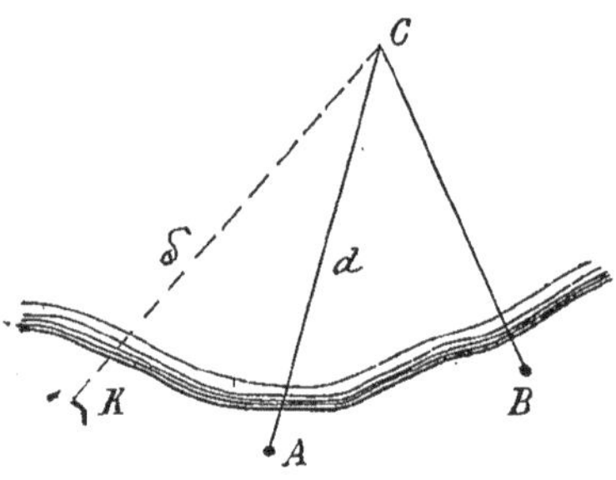

Fig. 4.

placés sur la côte et éloignés l'un de l'autre de 1500 à

500 m. L'un de ces postes, A par exemple, détermine la distance *d* qui le sépare de l'objectif C;

2° Un transformateur généralement disposé à la batterie et servant à transformer *d* en la distance de tir δ qui convient effectivement à la batterie K. Cet appareil devient inutile lorsque l'un des postes est dans le voisinage des bouches à feu;

3° Éventuellement un télémètre auxiliaire à petite base;

4° Un réseau téléphonique reliant les trois points A, B et K.

1° Principe de l'organisation et du fonctionnement des postes A et B

Le poste d'observation A, chargé de donner la distance *d*, est formé (fig. 5) :

D'un limbe gradué *a;*

D'une règle AC_1 pivotant autour du centre A du limbe

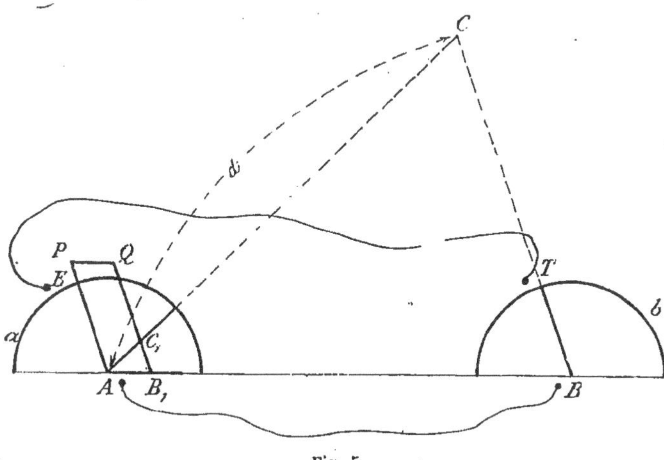

Fig. 5

et portant une graduation en distance à une échelle convenable α;

D'une lunette de visée pivotant autour du point A et dirigée suivant AC_1 ou dans un azimut voisin ;

D'une base AB_1 alignée dans la direction du point B et dont la longueur est égale à α. AB ;

Et enfin d'un parallélogramme articulé AB_1QP.

Le poste d'observation auxiliaire B comprend :

Un limbe *b* analogue au limbe *a* et dont le diamètre de base est dirigé suivant la direction BA ;

Une règle et une lunette BT pivotant autour du point B dans les mêmes conditions que celles du poste A.

La règle et la lunette de chacun des postes A et B peuvent se déplacer simultanément dans le même plan vertical ou bien encore la règle peut tourner *n* fois plus vite que la lunette lorsqu'on fait agir un appareil dit *extrapolateur* ou encore *avanceur*.

Les deux postes sont réunis par une double ligne téléphonique TE et AB.

Cela posé, supposons que nous voulions déterminer la position d'un point *fixe* C (fig. 5).

Chacun des opérateurs A et B dirige sa lunette sur C. Le téléphoniste T lit l'azimut sur le limbe *b* et l'envoie au téléphoniste E qui place la règle AP sur la division annoncée du limbe *a*. La règle B_1Q se trouve alors disposée parallèlement à BC et le téléphoniste T n'a plus qu'à lire la distance cherchée AC_1, car le triangle AB_1C_1 est semblable au triangle ABC.

Supposons maintenant que l'objectif soit *mobile*, que ce soit un navire suivant une route quelconque R (fig. 6).

Les deux observateurs s'entendent entre eux et suivent avec leurs lunettes le même point du but ; puis, comme ils sont constamment en communication téléphonique, à un signal donné par l'un d'eux ils cessent d'observer en même temps, lorsque l'objectif est en r_1 par exemple. En opérant comme précédemment, on détermine la distance Ar_1 et un certain azimut; si l'on utilisait telles quelles ces données, le projectile tomberait dans le voisinage de r_1 alors qu'en réalité le navire poursuivant sa route serait en r_2. Il faudrait donc faire au

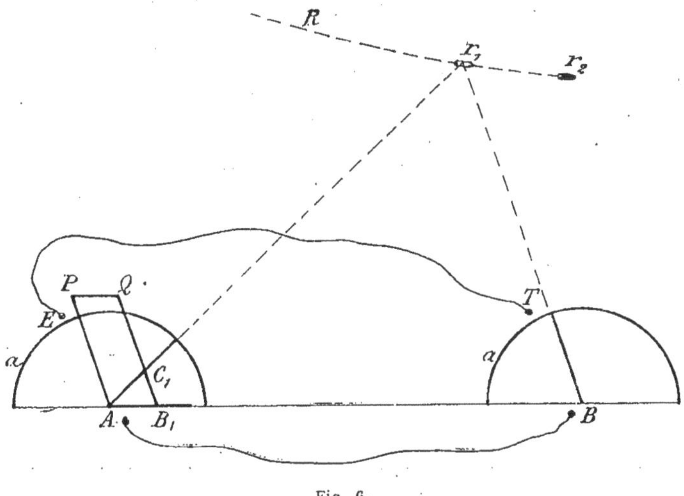

Fig. 6.

préalable, comme cela se pratique en France, les corrections convenables en hauteur et en direction.

Le colonel de la Launitz a préféré que son appareil lui donnât une indication présumée sur la position du navire au moment de la chute du projectile.

C'est alors qu'intervient l'appareil *extrapolateur* qu'on met en action dès que les deux observateurs ont pris le but en r_1 (fig. 7). Ils le suivent pendant un temps t (déterminé à l'aide d'un chronomètre) jusqu'en r_2 et s'arrêtent. A partir du commencement de l'observation, chaque règle tournant n fois plus vite que la lunette correspondante se décale par rapport à celle-ci et, au bout du temps t, les deux règles se recoupent en un point C alors que les deux lunettes croisent leurs visées sur r_2.

Le point C, représenté sur l'appareil par le point C_1, est la position *conjecturée par extrapolation* et d'ailleurs approximative de l'objectif.

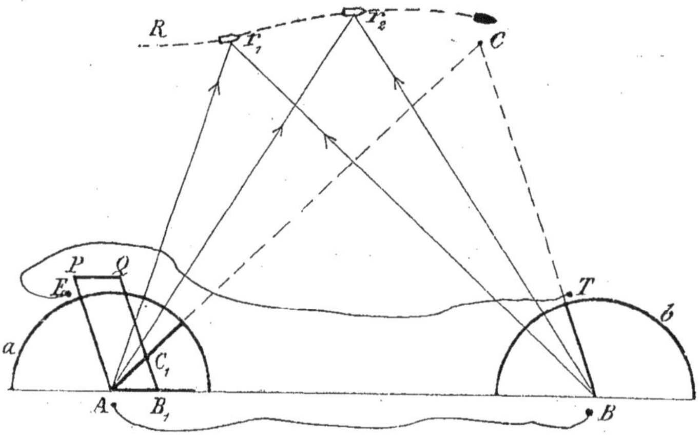

Fig. 7.

Les Russes tirant généralement par salves de batterie, on a un *temps mort* (1) égal à $(n - 1)\,t$ comprenant :

1° Le temps nécessaire pour exécuter toutes les opérations qui s'étendent depuis l'arrêt des règles ou la fin de l'observation jusqu'au départ du coup ;

2° Le temps θ correspondant à la durée du trajet.

On choisit généralement pour valeur de n le nombre 3 ou le nombre 4. Si le temps t d'observation est de 20 secondes par exemple, on a $(40 - \theta)$ secondes pour apprêter la salve. Un navire de fort tonnage, marchant à 13 nœuds (environ 24 km à l'heure) et ne pouvant par

(1) Cette définition du *temps mort* est différente de la nôtre. Le temps mort russe est l'*intervalle entre la fin de la mesure de distance et la chute du projectile*, tandis que le temps mort français est l'*intervalle entre la fin du pointage et le départ du coup*. Le *temps mort* russe est donc pour nous la somme du *temps perdu*, du *temps mort* et de la durée de trajet.

suite changer rapidement sa direction, parcourra (dans le cas où $n = 3$) 400 m entre le commencement de l'observation et le moment de la chute du projectile, et le télémètre le suivra en réalité pendant un parcours de 133 m.

Avec les canons à tir rapide, il y a intérêt à diminuer la valeur de n. Avec le canon de 6po Canet on peut prendre $n = 2$ et avec le canon de petit calibre à tir rapide $n = 1$, c'est-à-dire ne pas utiliser le mécanisme extrapolateur.

2° Principe du transformateur

Si l'un des postes télémétriques n'est pas dans le voisinage immédiat de la batterie, il est nécessaire de faire une correction de parallaxe.

On l'exécute avec un transformateur qui est placé dans

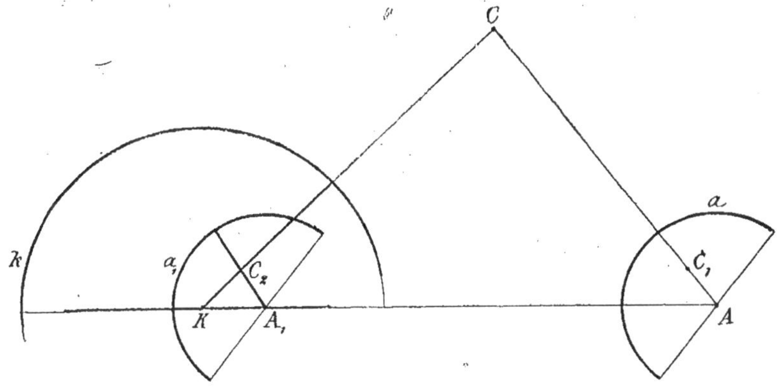

Fig. 8.

la batterie et qui donne à l'échelle α une réduction C_2A_1K du triangle CAK formé par le but C, le poste télémétrique A et la batterie K (fig. 8).

Deux limbes a_1 et k correspondant aux centres A_1 et K sont orientés l'un par rapport à l'autre comme le sont le limbe *a* de l'appareil télémétrique A et la graduation circulaire des affûts. Deux règles graduées en distances pivotent autour de chacun des centres K et A_1 qui sont d'ailleurs réunis par une base également graduee pouvant pivoter en K.

L'appareil étant réglé, — nous verrons plus loin comment, — il est facile de comprendre comment on l'emploie. Le télémètre indique la position de la règle $A_1 C_2$ et celle du point C_2 ; lorsque cette règle $A_1 C_2$ est en place, il n'y a plus qu'à faire passer l'autre règle par le point C_2 et à lire la distance corrigée KC_2, et l'azimut $A_1 K C_2$ correspondant aux bouches à feu.

3° Télémètre auxiliaire

Imaginons qu'on aperçoive devant la base télémétrique AB une escadre en ligne de file par division C_1 C_2 C_3 — C_4 C_5 C_6 ; il sera assez difficile de désigner clairement le but aux observateurs et il est bon en conséquence d'avoir une idée approximative de la position de l'objectif que l'on veut assigner à la batterie.

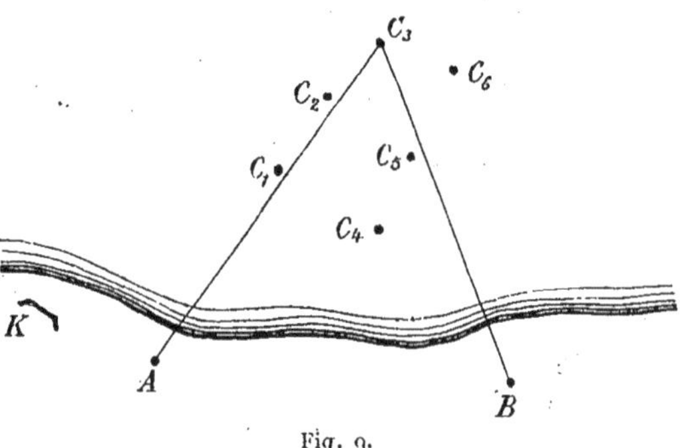

Fig. 9.

Dans le cas de la figure 9, si le but à atteindre est C_3 par exemple, il y aura ambiguïté pour l'observateur A entre C_1, C_2 et C_3 et pour l'observateur B entre C_3 et C_5.

Cette ambiguïté disparaîtrait si l'on obtenait la distance de l'un des postes à C_3 avec un *télémètre auxiliaire.*

En effet, les deux appareils A et B étant constitués de façon identique, si A connaît la distance à l'objectif C_3 et qu'il dispose ses règles pour cette portée, il pourra envoyer immédiatement par téléphone à B à la fois la direction approximative de BC_3 (ou de AC_3) et la distance correspondante. Les deux observateurs prennent le but et peuvent s'interpeller mutuellement pour savoir si, malgré les déplacements des navires, ils observent toujours l'objectif désigné. Dès qu'ils sont bien d'accord, ils peuvent exécuter des mesures, et le télémètre auxiliaire, ayant ainsi joué le rôle d'*indicateur,* peut au besoin, dans la suite, intervenir encore comme *contrôleur.*

Le télémètre auxiliaire doit être soit à base verticale, soit à petite base horizontale, avec un seul opérateur (ou avec deux opérateurs suffisamment rapprochés l'un de l'autre pour voir l'objectif sous le même aspect).

Le colonel de la Launitz a proposé comme télémètre auxiliaire soit un télémètre à petite base adjoint au télémètre à grande base (cas du télémètre Rivals), soit plus simplement un télémètre monostatique autobase (c'est-à-dire contenant sa propre base) du genre Barr et Stroud.

La première solution (fig. 10) est assez compliquée, car elle exige l'organisation d'un télémètre à petite base AX analogue au télémètre à grande base AB : outre les organes décrits plus haut, l'appareil A comporte une deuxième base AX_1 et une troisième règle X_1O tournant autour de X_1 et restant parallèle à la règle auxiliaire AP (fig. 10).

On a en définitive deux télémètres accolés formant un télémètre à double base et à trois stations.

La base AX est longue de 500 mètres au plus. Le poste X comprend simplement une règle à lunette de visée (avec mécanisme multiplicateur si on le juge utile).

Les deux observateurs A et X, se concertant par téléphone, suivent l'objectif C et à un moment donné l'observateur A détermine la distance AC_1 par recoupement de AC_1 avec X_1O', dont la position lui est donnée par l'orientement de la règle AP' sur le limbe a_1, envoyé par le poste X. Profitant de cette première approximation, le télémétriste A, sans toucher à la règle AC_1, fait rapidement passer les parallélogrammes articulés de la position pointillée

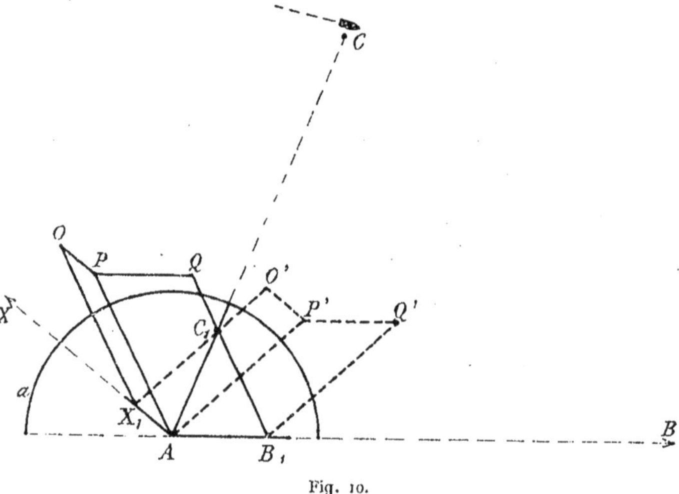

Fig. 10.

à la position en traits pleins, de façon que la règle B_1Q passe par C_1. Il lit l'azimut de AP et le transmet immédiatement par téléphone au poste B qui dispose son viseur dans la direction indiquée, où il doit apercevoir le but. Les trois opérateurs A, X et B répètent s'il y a lieu une seconde fois cette opération et, dès que A et B sont bien d'accord, ils procèdent aux mesures télémétriques (1).

En temps de paix d'ailleurs, le télémètre auxiliaire

(1) On peut aussi faire l'opération en envoyant au poste B la portée AC_1 et l'azimut correspondant, procédé que le colonel de la Launitz trouve plus pratique.

peut servir à l'officier instructeur à contrôler la façon de procéder des deux postes principaux.

La deuxième solution est plus commode, car le télémètre Barr et Stroud, relativement portatif et suffisamment précis, peut se placer très près de A. On procède comme précédemment et il semble que les opérations doivent s'exécuter d'une façon plus expéditive.

4° Communications téléphoniques

Les communications entre les divers postes d'observation et les batteries sont réalisées au moyen d'appareils microtéléphoniques portatifs à un seul récepteur. Chacun de ces appareils est organisé de façon que le transmetteur et le récepteur puissent se fixer sur la tête de l'opérateur, laissant ainsi à ce dernier le libre usage de ses deux mains. Il y a là une disposition ingénieuse, car elle permet aux opérateurs de faire les manipulations au télémètre en écouatnt eux-mêmes leur correspondant, sans aucun intermédiaire (voir fig. 19).

En principe, les deux observateurs A et B sont reliés téléphoniquement ainsi que les servants E et T (fig. 11).

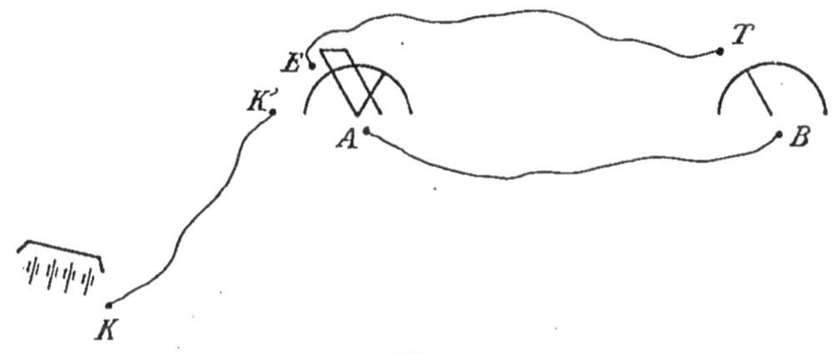

Fig. 11.

De même, une autre ligne réunit la batterie K au servant K' qui transmet les données du télémètre.

Il faut une boîte microtéléphonique pour chacun de ces hommes.

La ligne KK′ disparaît naturellement lorsque la batterie K est dans le voisinage immédiat du poste A.

Le colonel de la Launitz est parvenu en outre à supprimer la ligne téléphonique ET, en organisant les appareils A et B de telle façon que l'observateur puisse lire directement l'azimut au moyen d'une petite lunette auxiliaire et d'un appareil à miroirs redresseur (fig. 15). Le servant T devient dès lors inutile ainsi que la ligne ET. (B transmettant son azimut à A, lequel l'annonce à E.)

Dans ce cas, il faut deux lignes téléphoniques seulement (avec quatre appareils). Quand la batterie se trouve dans le voisinage du poste A, une seule ligne téléphonique suffit (avec deux appareils).

INSTALLATION, RÉGLAGE ET EMPLOI DES APPAREILS

Poste télémétrique proprement dit

Description détaillée

Comme nous l'avons dit plus haut, l'appareil B est plus simple en principe que l'appareil A, mais, dans la pratique, on les construit l'un et l'autre identiquement, de façon à pouvoir au besoin faire des lectures télémétriques au poste B. Il suffira donc de décrire l'un des appareils (1) qui comprend (fig. 12 et 13 et pl. hors texte) :

1° Un socle évidé *1* sur lequel reposent le limbe gradué *2* (2), l'axe *3* qui est situé au centre du limbe, deux repos *4* pour supporter l'extrémité de la base *6* et un arc denté *5* qui est centré sur l'axe *3* ;

2° Une base *6*, maintenue entre l'axe *3* et l'un des repos *4* ;

(1) L'appareil est en laiton nickelé, sauf le socle évidé, qui est en fonte.

(2) Le limbe comporte 1 600 divisions numérotées de deux en deux, de 0 à 800, afin que les téléphonistes n'aient à employer que des nombres de trois chiffres ; son rayon est de 64 cm environ.

3° Trois règles mobiles : la règle des portées *7*, la règle de recoupement *8*, la règle auxiliaire *9*. Les règles 7 et 9 sont articulées sur l'axe central *3*, tandis que la règle 8 pivote autour d'un axe *10* qui est monté sur un curseur *17* pouvant coulisser le long d'une rainure de la base *6*. Les règles 8 et 9 sont réunies à l'extrémité opposée à la base 6 par une traverse *11*, réglée de façon à former un parallélogramme articulé. Les règles *7* et *8* sont graduées en dizaines de sajènes; aux extrémités des règles 7 et 9 se trouvent les index *20* et *26*;

4° Une lunette terrestre *12* (1) montée sur un support *13-32*. Ce dernier est fixé verticalement sur une plaque *14* qui peut pivoter autour de l'axe *3*, en sorte que la lunette tourne autour du centre du limbe.

Sur la plaque *14* est rapportée une crémaillère circulaire *39* qui porte une graduation (2) se déplaçant avec la crémaillère devant un index *24* fixé à la règle *7*.

Dans la position indiquée à la fois par la figure 13 et la pl. hors texte, la lunette et la règle des portées sont solidaires et peuvent tourner *ensemble*, en restant dans le même plan vertical. En effet, la règle *7* se prolonge à l'arrière par un épanouissement ayant la forme d'un arc et sur lequel se trouvent un verrou *22* qui pénètre dans une mortaise pratiquée sur la tranche arrière de la plaque *14-39* et un frein *23* αβδ qui permet de fixer la règle *7* à l'arc fixe *5*;

5° Un mécanisme extrapolateur qui permet, en ren-

---

(1) La lunette comporte une monture *31* (fig. 12 et 13) qui sert à la fixer sur son support *32*, deux boutons molettés *33* et *34* pour la mise au point du micromètre et celle du but, un garde-soleil *35*, un chercheur formé d'une fenêtre *36* et d'un guidon à rabattement *37*, ayant la forme d'une lame de canif. On enlève la lunette quand on ne tire pas.

(2) Cette graduation ne sert à rien dans le tir de guerre. On pourrait l'utiliser néanmoins pour déterminer les corrections en direction dans le tir direct, corrections qui sont généralement données par un homme en plus maniant le triangle de visée (voir annexe, p. 40). Dans les exercices du temps de paix, la graduation en question est employée pour mesurer la vitesse du remorqueur : ce qui a une certaine importance, car les cibles se déplacent ordinairement fort lentement et on a ainsi le moyen de vérifier leur allure.

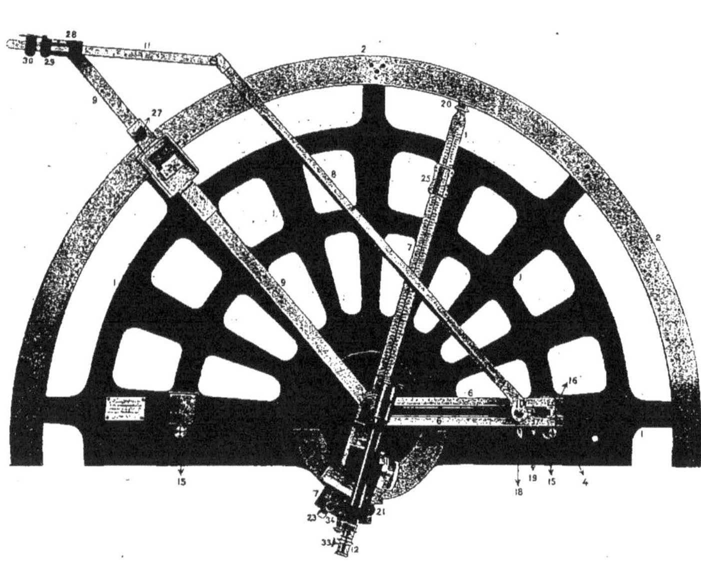

Fig. 12. — Appareil A vu en plan. (Extrémité gauche de la base.)

Fig. 13. — Perspective de l'appareil B. (Extrémité droite de la base.)

dant au préalable la lunette indépendante de la règle des portées *7*, de faire tourner cette dernière n fois plus vite que la lunette.

Ce mécanisme est constitué comme suit (pl. hors texte) :

Le prolongement arrière de *7* porte une douille contenant un axe vertical qui est commandé par le bouton moletté *21* et muni à sa partie inférieure d'un pignon; ce pignon inférieur engrène avec la denture de l'arc fixe *5*. Un pignon supérieur (visible sur la figure 13) et de diamètre plus petit, fou sur le même axe, engrène avec la crémaillère circulaire *39* solidaire de la plaque *14*; ce deuxième pignon porte un cône d'embrayage.

Cela posé, supposons la lunette et la règle des portées solidaires. Lorsqu'on fait tourner le bouton moletté *21*, on agit seulement sur le pignon inférieur qui engrène avec l'arc fixe *5* et on entraîne l'ensemble, lunette et règle.

Si au contraire on a pris soin au préalable de tirer le verrou *22* en arrière et de rendre solidaires les deux pignons supérieur et inférieur [1], la lunette et la règle des portées, commandées alors indépendamment l'une de l'autre par un des pignons, se déplacent avec des vitesses différentes, la lunette restant en retard sur la règle [2]. Le rapport des dentures des deux pignons dépend de n;

---

(1) Cela se fait en serrant le deuxième bouton moletté *41* (celui qu'on voit au-dessous de *21*) sur le pignon supérieur.

(2) *Mécanisme* ou *extrapolateur primitif.* — Nous venons de décrire le mécanisme qui est employé dans le dernier modèle de télémètre, mais au début le colonel de la Launitz en avait adopté un autre qui est également ingénieux et dont nous allons donner le principe (fig. 14) :

La règle des portées *7* est constamment située dans le plan vertical de l'axe optique de la lunette ; elle se termine du côté du limbe par un épanouissement dans lequel on loge deux poulies u_1 et u_2 et un ruban métallique UI s'enroulant sur les poulies. Le ruban présente un ressaut U et un index I qui normalement sont au milieu de l'intervalle u_1 u_2, de sorte que, quand on suit le but avec la lunette, l'index indique l'azimut de celui-ci. Si l'on veut avoir une position conjecturée du but au bout d'un temps double du temps d'observation, on immobilise le ressaut U avec une fourchette (non représentée sur la figure) glissant sur le limbe *2* et pouvant être fixée sur lui. Dès lors, il est facile de voir que I se déplace, dans le même sens que

6° Un curseur *25*, coulissant sur la règle des portées *7*. Ce curseur porte une graduation spéciale (dépendant de

---

le but, avec une vitesse angulaire double de la vitesse angulaire de ce but. (Le trait ponctué indique les positions relatives de la règle et de l'index quand le but s'est déplacé angulairement de ω.) On aura ainsi par extrapo-

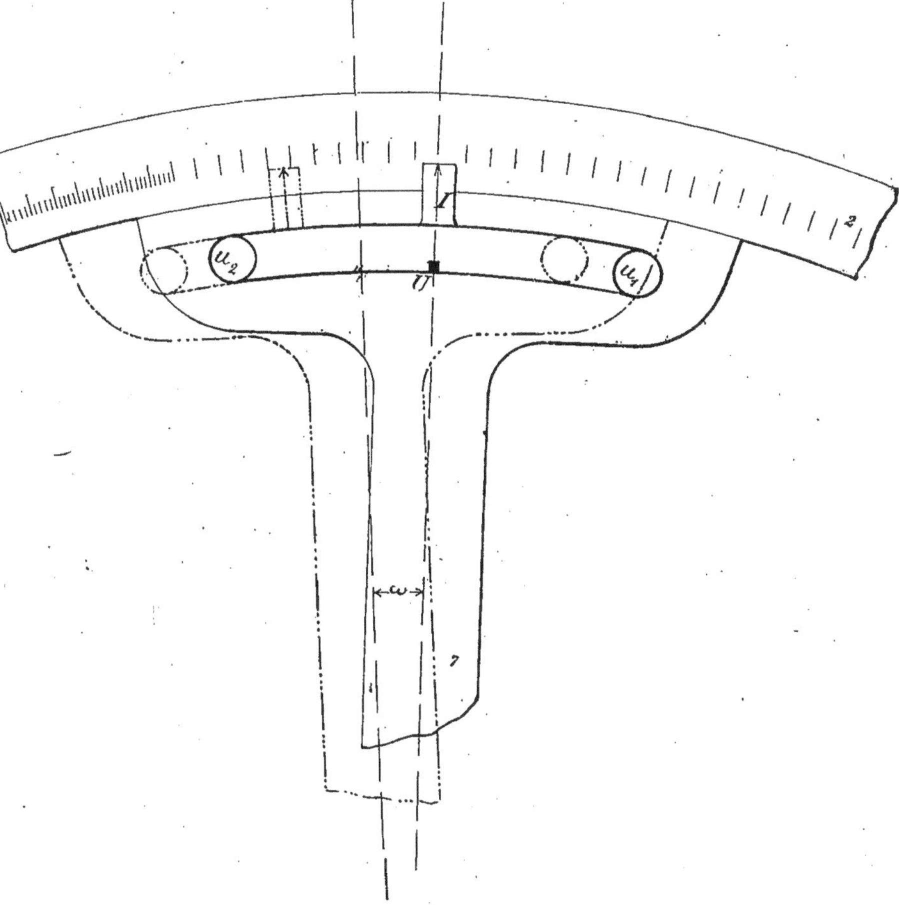

Fig. 14. — Extrapolateur premier modèle.

lation la situation présumée de l'objectif au moment de la chute des projectiles dans le cas où $n = 2$. Ce mécanisme extrapolateur, moins commode que le nouveau, a de plus son emploi limité au cas de $n = 2$

la valeur de *n* et sert de correcteur dans le cas du tir à pointage direct. Nous verrons son rôle plus loin.

Modifications pour le tir de nuit. — La nuit, on remplace la lunette par une tige portant à ses deux extrémités un cran de mire et un guidon lumineux.

Ce dernier est constitué par une monture conique et creuse, à la partie supérieure de laquelle est enchâssé

Fig. 15

un grenat d'Orient (ou almandine) qui, éclairé par une petite lampe électrique placée en dessous, donne un point luminescent rouge mat. Le cran de mire est du même genre, mais deux pierres blanches de calcédoine en forment les pointes.

Les graduations sont éclairées au moyen de lampes électriques. Si les appareils sont munis du système à miroirs redresseurs (fig. 15 et p. 20), le télémétriste peut lire directement l'azimut de la règle des portées à l'aide d'une petite lunette auxiliaire.

Installation et réglage des deux postes

Il faut au préalable régler la base *6* de façon à la placer sur le diamètre correspondant à la ligne o — 800.

Cette opération s'exécute une fois pour toutes en construisant avec la *base*, la *règle des portées 7* fixée à la division 400 et la *règle de recoupement 8*, un triangle *égyptien* (c'est-à-dire un triangle rectangle dont les côtés sont proportionnels aux nombres 3, 4 et 5), ce qui arrête la position de la base *6*, à laquelle on ne devra plus toucher. On maintient la base *6* au moyen des vis *16*; un témoin *15*, amené au contact avec la base, sert à vérifier la fixité de celle-ci (fig. 12).

Puis on place chaque appareil sur une table, en engageant dans une mortaise ménagée sur le socle [1] un pivot qui est fixé à la table ; on arrête la lunette sur le diamètre o — 800 et on déplace le tout doucement jusqu'à ce que la lunette soit pointée sur la deuxième station.

On règle ensuite la position de l'axe *10* en amenant le curseur *17* à peu près à sa position et en rabattant le levier de serrage *18*, puis en conduisant *17* à sa position exacte au moyen d'une vis de rappel et en rabattant finalement le levier de serrage *19*.

On termine en réglant la longueur de la traverse *11* de façon à réaliser le parallélogramme articulé. La traverse portant une graduation identique à celle de la base, on dispose le chariot de réglage *28* de façon à ce que l'index soit à peu près à la division convenable, et on serre le bouton *30*; on achève la mise au point de l'index au moyen d'une vis de rappel et on serre enfin le bouton *29*.

---

(1) On voit cette mortaise sur la figure 12, à droite et en bas.

Les deux appareils sont alors convenablement disposés et prêts à fonctionner.

Mode d'emploi du télémètre

Avant chaque coup (ou salve), les observateurs, qui correspondent par téléphone, cherchent le but avec la lunette en agissant sur le bouton *21*, mais sans laisser fonctionner le mécanisme extrapolateur (c'est-à-dire la règle des portées restant dans le plan vertical de l'axe optique de la lunette).

Dès que les deux observateurs tiennent l'objectif sur leur ligne de visée, l'un d'eux fait l'indication : *Au but,* et tous deux mettent en action le mécanisme multiplicateur par la manipulation suivante :

1° Serrer le frein *23*, qui solidarise la règle *7* avec l'arc *5* (pour éviter un déplacement accidentel du système règle et lunette), en agissant sur le bouton *23* δ qui appuie la mâchoire *23* β contre l'arc *5;*

2° Serrer le bouton moletté *41* sur le pignon supérieur (pour rendre les deux pignons solidaires et obtenir la multiplication) ;

3° Desserrer le frein *23 ;*

4° Tirer le verrou (de façon à rendre la lunette indépendante de la règle des portées).

Ces opérations exécutées, les observateurs, qui ont perdu un instant le but, le recherchent rapidement et suivent son mouvement pendant le temps *t* qui se compte au moyen d'une montre à secondes. Ce temps écoulé, à l'indication : *Stop,* les deux observateurs s'arrêtent ; on fait les lectures et l'on se prépare immédiatement à l'opération consécutive en faisant les manipulations suivantes qui suppriment l'emploi du multiplicateur :

1° Desserrer le bouton moletté *41 ;*

2° Ramener la mortaise en face du verrou *22 ;*

3° Laisser retomber le verrou *22* dans sa mortaise.

Pour l'utilisation des données télémétriques, on opère différemment, selon qu'on fait du tir à pointage indirect ou du tir à pointage direct, ainsi que nous allons l'expliquer ci-après :

Mode d'utilisation des données télémétriques

Tir à pointage indirect. — C'est le cas le plus simple; on opère avec le multiplicateur pendant t secondes et, au bout de ce temps, on lit la portée et l'azimut relatifs au poste A. Le transformateur fournit de suite les données correspondantes pour les bouches à feu, qui s'orientent en conséquence. Le feu est commandé au bout de $(nt - \theta)$ secondes, θ étant la durée du trajet et l'origine des temps étant le commencement du temps t d'observation.

En définitive, on tire sur un point obtenu par extrapolation et où l'on présume que le navire passera au moment de la chute des projectiles (cas de la figure 7).

Tir à pointage direct. — Le cas du tir direct est plus complexe ; on opère *avec l'extrapolateur* pendant t secondes en suivant le but dans son déplacement entre r_1 et r_2 (fig. 7 et 16). Le poste A donne la portée conjecturée $P = AC$; les deux postes A et B continuent à suivre le but *sans multiplication,* de façon qu'on puisse faire tirer la batterie dès que le but sera *effectivement* à la distance P.

De plus, on a eu soin au préalable de disposer le zéro du curseur *25* au point C_1 (fig. 5, 6 et 7), c'est-à-dire au point d'intersection de la règle des portées et de la règle de recoupement. On note la division du curseur à la fin du temps t; cette division Δ correspond à la variation en portée pendant t secondes [1]. A l'aide d'une table à

(1) Si la graduation du curseur était identique à celle de la règle, la différence trouvée correspondrait à nt secondes. Mais, les divisions du curseur valant n fois celles de la règle, le nombre Δ trouvé correspond donc à la variation en portée pendant t secondes seulement

double entrée, le télémétriste A détermine la variation en portée $\frac{\theta}{t}\Delta = \Delta'$ correspondant à la durée de trajet θ et, si le but s'éloigne vers le large, il fait prendre à ses pièces la hausse relative à la distance $P + \Delta'$.

Pendant toutes ces opérations, toutes les pièces suivent le but ; les lunettes des postes A et B font de même, comme nous l'avons vu plus haut, *sans multiplication,*

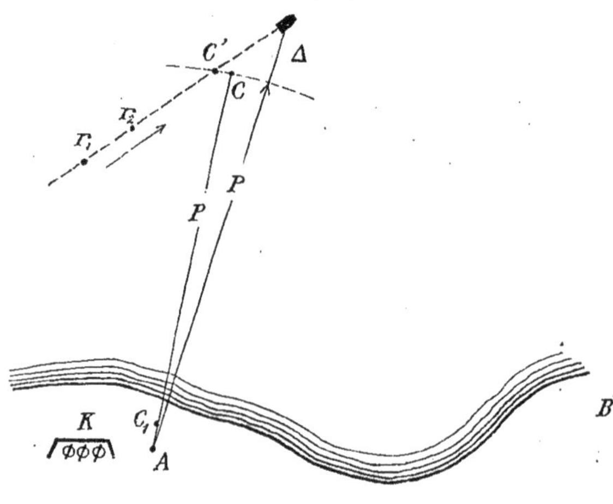

Fig. 16.

et, au moment où le télémètre annonce la distance P (le navire ennemi passant alors en C' sur la circonférence de rayon AC [fig. 16]), la batterie fait feu. Comme les pièces sont pointées avec la hausse $P + \Delta'$, il en résulte que le but se trouvera effectivement à cette distance, puisque Δ' correspond à la durée de trajet.

Si l'objectif se rapprochait de la côte, il faudrait donner aux pièces la hausse $P - \Delta'$.

La correction en direction se fait au moyen du triangle de visée (voir p. 40).

Nombre de servants nécessaires pour le fonctionnement de l'installation télémétrique

Le nombre d'hommes nécessaires résulte des considérations exposées plus haut à propos du réseau téléphonique :

Batterie éloignée du poste A.	Poste B sans l'appareil à miroirs redresseurs.	3	servants au poste	A.
		2	—	B.
	Poste B avec l'appareil à miroirs redresseurs.	3	—	A.
		1	—	B.
Batterie dans le voisinage immédiat du poste A.	Poste B sans l'appareil à miroirs redresseurs.	3	—	A.
		2	—	B.
	Poste B avec l'appareil à miroirs redresseurs.	2	—	A.
		1	—	B.

Transformateur

Description

L'appareil transformateur comprend (fig. 17) :

1° Un socle évidé h sur lequel est fixé un limbe k gradué comme les circulaires de pointage des pièces ;

2° Une règle mobile KC_1 graduée en portées, qui pivote autour d'un axe fixe K placé au centre du limbe k ;

3° Un socle mobile m en forme de lunule, reposant sur des nervures n du socle évidé h et dont le centre porte un axe A_1 qui est relié avec la barre mobile KA_1 ;

4° Une règle A_1C_1 graduée en portées et pivotant autour de l'axe A_1 ;

5° Une barre mobile KA_1 qui est graduée en distances à droite et à gauche de l'axe K et qui peut tourner autour de cet axe ;

6° Éventuellement, une petite lunette montée sur un prolongement de la règle KC_1 parallèlement à cette règle et servant à faire la vérification du réglage de l'appareil ou bien à voir un but qui serait indiqué du poste télémétrique.

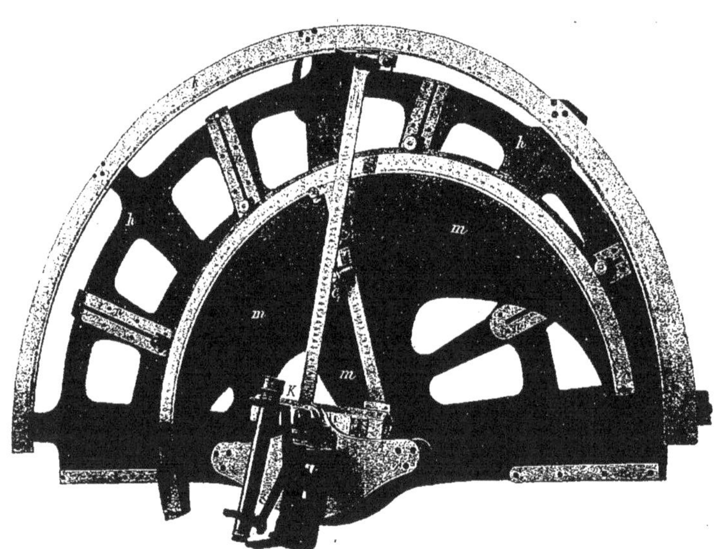

Fig. 17. — Transformateur.

Réglage

Le réglage de l'appareil transformateur s'effectue comme il suit :

Étant donné un repère connu F situé dans le champ

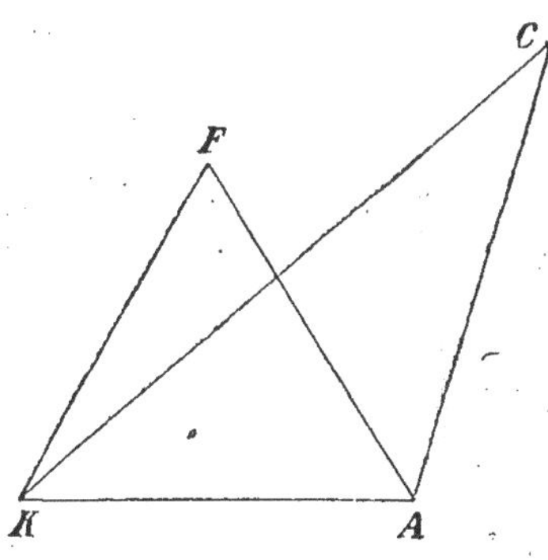

Fig. 18.

de la batterie et du télémètre (fig. 18), on pointe à la hausse sur ce repère, avec la dérive zéro, une pièce de la batterie et on lit sur la circulaire de pointage l'azimut correspondant. Les distances AF et AK ont été déterminées à l'avance par une triangulation.

Il suffit dès lors de réaliser sur l'appareil transformateur un triangle semblable au triangle AFK. Pour cela, on fixe d'abord (fig. 17) le pivot A_1 en face de la division de la règle KA_1 qui correspond à la distance KA ; on fixe ensuite la règle KC_1 à la division trouvée sur la circulaire de la bouche à feu. Puis on met l'index de la règle A_1C_1 en face de la division représentant la distance AF et on pousse cet index contre la règle KC_1 en face du point C_1, en faisant tourner la barre mobile KA_1 autour de K. Après quoi, on fait tourner autour de A_1 le socle mobile *m*, avec le limbe correspondant, jusqu'à ce que l'azimut indiqué par ce dernier soit celui de AF, puis

Fig. 19.

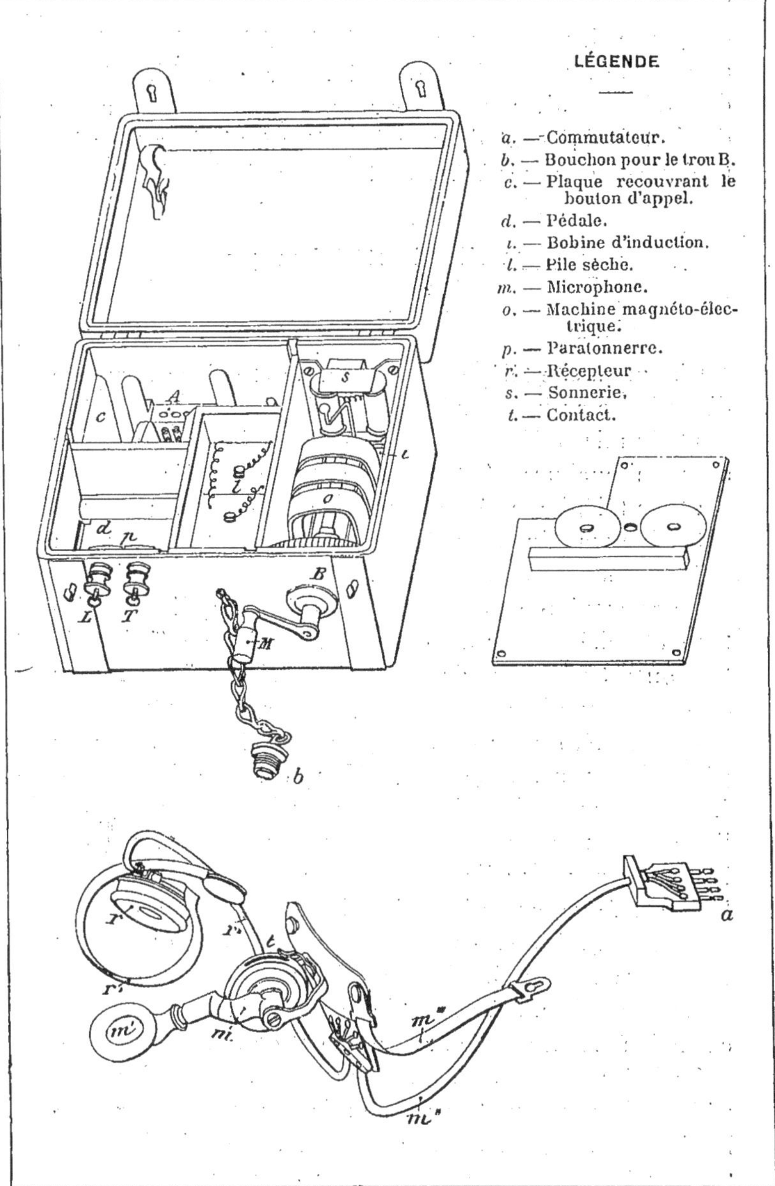

Fig. 20. — Appareil microtéléphonique.

on fixe sur les nervures *n* du socle fixe *h* le socle mobile *m* à l'aide de vis de pression. Enfin, on rend la liberté aux deux règles qui, pouvant tourner respectivement autour de K et de A_1, sont désormais prêtes à réaliser tous les triangles analogues à ACK, C étant un but mobile.

Appareil microtéléphonique

Description

Chaque poste téléphonique (fig. 20 et 21) se compose d'une boîte en bois renfermant :

1° Un microphone transmetteur à poudre de charbon *m* avec embouchure *m'* et élastique d'attache *m'''* ;

2° Un téléphone récepteur *r* avec serre-tête *r'* ;

3° Une machine magnéto-électrique *o* pour les appels ;

4° Une sonnerie polarisée *s*.

Le microphone est porté par l'opérateur; il est maintenu attaché autour du cou par l'élastique *m'''* dont la tension est réglable; des fils souples *r''* et *m''* recouverts de caoutchouc le relient au récepteur et à la boîte.

La magnéto est constituée par trois aimants entre les pôles desquels tourne une bobine en forme de navette. Les deux extrémités du fil de cette bobine aboutissent l'une à la masse et l'autre à une tige isolée traversant l'arbre et sur laquelle appuie un ressort. Un petit régulateur à force centrifuge établit au repos un contact entre les extrémités des fils de la bobine, ce qui met la magnéto en court circuit tant qu'on ne tourne pas.

La sonnerie n'offre rien de particulier; elle est intercalée dans le circuit de la magnéto et de la ligne.

La boîte contient en outre un bouton d'appel *c*, une pédale *d* remplissant le même rôle que le bouton *c*, une bobine d'induction *i* qui permet à l'appareil de fonctionner à grande distance, enfin une pile sèche *l* (2 éléments) qui sert à alimenter le microphone.

Fonctionnement

Supposons que l'écouteur et le transmetteur soient au repos dans la boîte; ils appuient alors sur la pédale *d* (position pointillée, fig. 21) et établissent ainsi la communication de la ligne avec la magnéto et la sonnerie tout en rompant le contact de la ligne avec le récepteur.

Le courant venant du poste voisin traversera donc la sonnerie *s* et la magnéto *o*. Comme cette dernière est en court circuit par suite de la présence du régulateur à

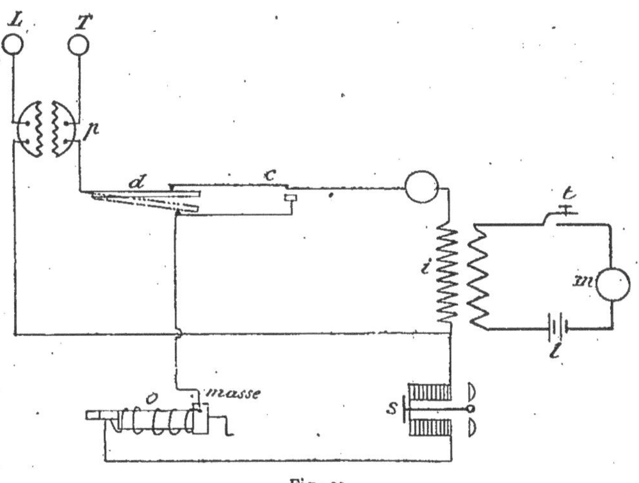

Fig. 21.

force centrifuge, il n'y a aucune résistance intercalée et la sonnerie fonctionnera. Au bruit de la sonnerie, le téléphoniste prévenu manœuvrera à son tour la magnéto au moyen de la manivelle M et enverra ainsi sur la ligne des courants qui feront résonner à la fois la sonnerie *s* et celle du poste voisin.

Lorsque les deux opérateurs sont prêts, ils coiffent le serre-tête, disposent convenablement l'embouchure *m'* du microphone et peuvent causer, car la pédale *d* qui s'est relevée (position en traits pleins) ferme le circuit de la ligne sur le récepteur *r* et la bobine d'induction *i*, tandis que le microphone *m*, traversé par le courant de la pile *l*, travaille sur la bobine d'induction *i*. Le bouton *c* paraît faire double emploi avec la pédale *d*; en réalité, il évite d'avoir à poser le récepteur sur cette pédale, si les correspondants veulent s'appeler sans enlever leur serre-tête.

Sur le circuit du microphone *m*, de la pile *l* et du primaire de la bobine *i* se trouve un contact *t*; il sert à fermer le courant de la pile, mais seulement lorsqu'on oriente l'embouchure du microphone pour causer. On évite ainsi la polarisation et l'épuisement de la pile quand on n'utilise pas l'appareil.

OBSERVATIONS

Nous venons de montrer comment le colonel de la Launitz a résolu le problème du télémètre de côte à grande base horizontale.

Cet examen aussi complet que possible de l'organisation préconisée en Russie nous amène à présenter quelques observations.

La première condition à remplir est la précision. Or, de nombreuses expériences ont montré que l'erreur moyenne des mesures était voisine de 1 p. 100 de la distance, ce qui est un résultat satisfaisant. D'autre part, les lectures sont faciles à faire, par suite des grandes dimensions des appareils; l'usage toujours délicat du vernier a été ainsi évité.

Grâce à l'appareil *extrapolateur*, le télémètre peut tenir compte automatiquement du mouvement de l'objectif; il permet donc de faire le tir par conjecture (*predicting firing* des Anglais). Il est assez difficile de déterminer exactement l'écart qui peut se produire entre le point conjecturé et la position réelle du but, à cause du grand nombre des variables du problème. Cependant, en faisant des constructions graphiques dans les cas les plus variés, tout en restant dans les limites de la réalité, on ne prévoit pas d'erreurs importantes — à condition, bien entendu, que le temps d'observation soit restreint et que le trajet du bateau pendant ce temps puisse être considéré comme petit par rapport aux portées.

La rapidité des mesures est tout à fait du même ordre que la vitesse de tir des batteries russes. Il semble cependant que la manœuvre pour mettre en mouvement et arrêter le mécanisme extrapolateur soit délicate et qu'elle fasse perdre un peu de temps ; néanmoins, on obtient très facilement six indications télémétriques par minute, *au minimum*.

L'ensemble des instruments de mesure est simple et robuste ; l'emploi, pour les limbes et les règles, du laiton nickelé, qui évite la rouille, paraît judicieux. La communication téléphonique, au contraire, donne lieu, à première vue, à des critiques assez nombreuses (boîte peu robuste, connexion difficilement accessible, régulateur à force centrifuge d'un fonctionnement délicat, sonnerie polarisée difficile à régler, piles sèches dont l'emploi peut donner lieu à des mécomptes, isolements sommaires, etc.), mais il y a lieu aussi de signaler tout particulièrement la disposition relative fort ingénieuse du transmetteur et du récepteur, qui laisse au téléphoniste le libre usage de ses deux mains (fig. 19) et lui permet par conséquent de remplir en même temps les fonctions d'observateur.

Le télémètre est bien approprié aux deux genres de tir et s'applique facilement aux règles de tir de l'artillerie de côte russe, mais son emploi dans le cas du pointage direct paraît assez délicat.

La difficulté relative aux erreurs d'objectifs, qui est inhérente à tous les télémètres à grande base, est résolue en principe, mais nécessite encore l'adjonction d'un télémètre auxiliaire.

Bref, la solution présentée, qui est le résultat du travail de plusieurs années du colonel de la Launitz, est intéressante dans son ensemble et méritait d'être examinée dans ses détails. Elle a d'ailleurs valu à son auteur une des plus hautes récompenses attribuées aux officiers de l'artillerie russe, le grand prix Michel (1) qui est attribué tous les cinq ans à l'auteur du travail jugé le meilleur et le plus utile à l'arme.

*
* *

Annexe

Triangle de visée (fig. 22). — Dans le cas de tir à pointage direct, on pourrait déterminer la correction en di-

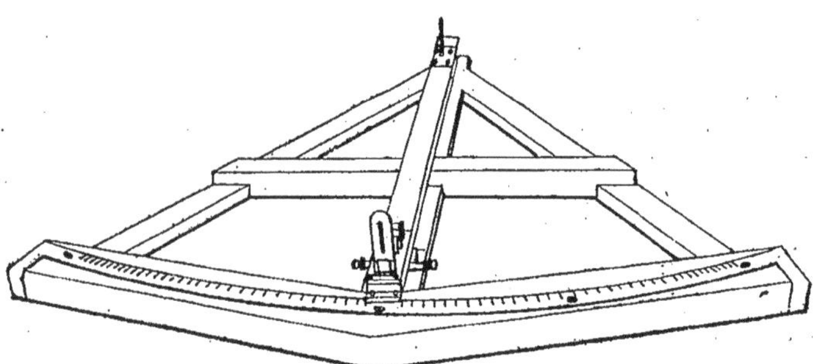

Fig. 22. — Triangle de visée.

rection au moyen de la graduation de la crémaillère circulaire *39* (voir p. 21), en opérant de la même façon que

(1) Voir *Artilleriiskii Journal*, n° 2 de 1902. (*Partie officielle*, p. 773.)

pour la portée (avec le curseur *25*). Mais, en fait, pour ne pas augmenter outre mesure le travail du télémétriste A, on préfère recourir à un observateur spécial qu'on munit d'un *triangle de visée*. Cet observateur mesure, pendant le temps *t*, le déplacement angulaire du bâtiment à atteindre et, à l'aide d'une table à double entrée, il en déduit la correction relative à la durée du trajet θ, correction qu'il annonce au commandant de batterie.

Nancy, impr. Berger-Levrault et Cie

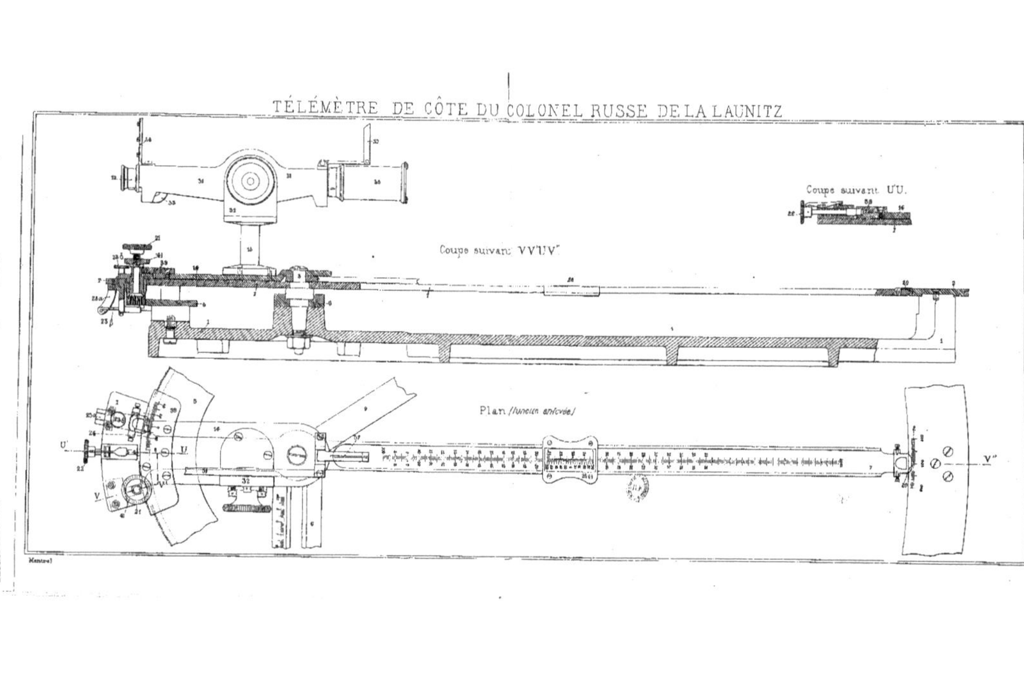
TÉLÉMÈTRE DE CÔTE DU COLONEL RUSSE DE LA LAUNITZ
Coupe suivant UU.
Coupe suivant VV'UV'
Plan (lunette enlevée)

Nancy, impr. Berger-Levrault et Cie

www.ingramcontent.com/pod-product-compliance
Ingram Content Group UK Ltd.
Pitfield, Milton Keynes, MK11 3LW, UK
UKHW020342250726
13967UKWH00005B/2074